Deepen Your Mind

Deepen Your Mind

代序

為什麼寫這本書？

– 如果你自認是不需動手的高階主管，請起碼把這篇序看完

寫 Google 分析 (GA，Google Analytics) 的書，基本上應該是正常人的禁區。

苦主之一 Brian Clifton，是 GA 創始時代的內部專家，在傳統版 GA 的年代，他的《Advanced Web Metrics with Google Analytics 》一書，中文版書名為《流量的秘密》，是專業人員必備的聖經。

但是在 2012 年該書第三版問世後，同年年底，Google 就宣布了通用版 GA (Universal GA) 開始 Beta 測試。GA 那一步跨的很大，雖然，傳統版和通用版的使用者介面，看起來差不多，但底層的技術細節，有非常大的改變。而 Brian Clifton 的第三版，仍然在鉅細靡遺的解釋傳統版 GA。

其實，身列該書一上市，就抱啃完畢的嚐鮮族群，筆者個人對於 Brian Clifton 是充滿了崇敬與感激之情的。因為在《流量的秘密》(第三版) 的基礎上，再去瞭解通用版 GA，儘管名詞與結構都不一樣了，但脈絡是分明的，完全沒有天書的感覺了。

可是，對於當時才剛開始接觸 GA，直接從通用版上手的朋友，《流量的秘密》(第三版) 一書中，有大量的內容，已經與實際不符了，初學者往往看得一頭霧水，所以，這本書就算是廢了。

有了這一次切身之痛，Brian Clifton 於 2015 年再推新書時，改弦更張，不談技術細節了。這次的書名叫做《Successful Analytics》，副標是「Gain Business Insights by Managing Google Analytics」，中文版書名為《透視數

據下的商機》。由書名就可以看出，談的是如何應用 GA 執行商業策略。Clifton 還特別強調，這本書「不是《流量的秘密》第四版」，就是唯恐大家還是把它當作操作的聖經，期待找到最新的技術細節。

此後，GA 在通用版的基礎上快速發展，「改變」成為了常態，每天打開介面，都有不預期的驚喜與驚嚇。面對這種快速變化的環境，GA 用戶最重要的修練，就是認知到「商業數據分析工具」的核心，是「商業」，不是「工具」。掌握住了這一點，才能好整以暇的靜觀其變，伺機出手。

2020 年底亮相的新一代工具 GA 4，和所有新技術在發展初期的狀況一樣，官方都還沒有拿準所有的方向，所以不僅維持了善變的本色，還有一些反覆。用戶面對略嫌雜亂的資訊，難免焦慮。這時候，更需掌握好商業脈絡，才能冷靜規劃，繪製出準確的戰略地圖。

這本書，雖然繞不開操作細節，但將盡力從商業脈絡的視角，梳理 GA 4，告訴你身為商業端人員，應該知道的那些事。

以下，簡單整理一下本書試著回答的一些問題：

1 GA 4 會取代 通用版 GA 嗎？

就工具層面來說，短期內不會，長期就不好說了。

2020 年 10 月 GA 4 上架初期，在管理後台出現「升級至 GA 4」的選項，造成市場一片恐慌，這是官方用字不夠精準，應該只是「加裝」的概念，沒有「替換」的意思。果不其然，不久後就將選項修正為「Google Analytics (分析) 4 設定輔助程式」了。而截至目前 (Jun. 2021) 為止，如果設定完成了 GA 4 資源，仍然會看到官方感謝詞：「感謝您擔任新版 Google Analytics (分析) 的早期採用者」，表示 GA 4 仍然處於發展初期的階段。

至於「現在只能新增 GA 4 資源，不能再增設通用版 GA 資源」的說法，純屬誤會，緣由是 Google 為了加速擴大早期採用者規模，刻意隱藏了通用版 GA 的申裝流程而已。通用版 GA 仍然健在，本書中會詳述相關流程。

但如果從商業層面回答這個問題，我的答案就是「不知道」。

因為「取代」的決定，有一大半的因素，取決於商業現況，而現況下，人員對工具的熟識程度，是基本前提。我們在本書中能幫上忙的部分，就是建立人員對工具的基本認識。在這個認識的基礎上，還要納入商業現實，整合思考。最後，才能決定兩者是平行運作、協作互補、還是徹底取代。這是一個漸進的過程，不是搶答題。最後的結論，也不會是一個固定的位置，而是一個動態的路徑圖，這份試卷，是要由讀者自行來慢慢作答的。

2 那麼，我們應該何時開始導入 GA 4 ？

這個答案比較簡單：立刻動手！

因為 GA 4 是新一代工具，我們看到的不是它現在的功能有多完整，而是數據結構與數據模型的跨代進化。長期而言，未來一定是屬於 GA 4 的。

通用版 GA 好比一台已經裝備完整，馬力充沛的汽車。而 GA 4 就像是一台單引擎小飛機。也許現在的運量，還比不上一台強悍的汽車，但畢竟能以更高的速度在天空飛翔，未來很有可能會發展成為大型的客貨機，與汽車是不同次元的概念。而熟練飛行需要有一個先期過程，不是一蹴可幾的。如果現在不開始動手，未來當大型客貨機真的出現時，才啟動換裝計畫，就只能眼睜睜看著前行者早已起飛升空了。

導入 GA 4 的先期過程，包含兩部分，一部分就是前述的「熟悉工具」，但更重要的是累積數據。如果沒有足夠的歷史數據在手，無論是規劃未來，或是驗證當下，都沒有論證的基礎。我們之所以強烈建議「立即動手」，主要著眼點，就是因為累積數據這件事，無法壓縮時程，起步晚了，就是晚了。沒有曲線超車這一說，所以要儘早開始。

沒錯，通用版 GA 與 GA 4 的數據，結構與儲存都是獨立運行的，無法共用。

3 GA 4 放棄「跳出率」，是一種進步的設計嗎？

如果瞭解了「跳出率」的商業意義，就會明白 GA 4 只是安排了另一個方向的指標「參與度」，來回答同樣的商業問題。至於「跳出率」與「參與度」，哪一個指標的效度比較好，其實有很大的爭議空間。以商業實況為基礎，自己來判讀數據，做出決定，才是本書想要和大家分享的底層思維。

4 據說，GA 4 從通用版 GA 的「工作階段中心」，演化為「客戶中心」，這個改變，有多厲害？

說到底，還是要看「辨識及歸戶」訪客的能力。GA 4 採取了「用戶 ID、Google Signal、裝置 ID」三重辨識的機制。這三種辨識機制，其實，在通用版 GA 也都有，只是使用起來比較麻煩一點。還有，就是 GA 4 整合這些不同的辨識手段，可能使用了智慧程度比較高的技術。

不過從大方向來說，無論是 Apple 的態度、政府法令、還是消費者隱私權意識，對於「精準辨識訪客」，都是朝抵制的方向發展。未來，以「完整個人記錄」為基礎的分析，準度會越來越低，執行也會越來越困難。因此，對於這些第三方機制，不能寄予太高的期望。相對來說，第一方自行構建的客戶連結，也就越來越重要了。

5 GA 4 以「生命週期」的邏輯安排標準報表，是一種進化嗎？

如果真的理解了數據與報表，那麼，從通用版 GA 最基本的「來源 / 媒介」報表中，一樣可以完整掌握「開發、參與、營利、回訪」的生命週期資訊。GA 4 最厲害的改變，是開放了使用數據的彈性，所以重點還是在解讀數據的人，制式報表結構的改變，影響不大。

6 那麼，GA 4 到底有什麼偉大之處，值得建議立即導入？

GA 4 以「事件導向」的數據模型，完整對使用者開放了收集數據的權力。以單一通用的「事件」，取代了通用版 GA 多樣的互動型態。從數據技術的角度來看，這個改變回歸到底層的自然結構，導致後續的功能發展，更為靈活。

但凡事都是有代價的，下放給用戶更多的權力，意味著用戶需要具備更為紮實的基本功。

而完整剖析「事件」，建立掌控「事件導向」的基本功，正是本書真正的重點。

本書採取了一個比較特殊的方式，就是用一個簡單範例，建構一個沒有任何程式基礎的行銷人員，都可以跟得上的環境，完整實作一遍「事件」的全流程。

這個過程，並不會讓你成為技術高手，但卻可以讓你走出通用版 GA 的既有框架，快速、準確的換軌到「事件導向」的新世界。

而準確掌握「事件導向」的觀念，不僅是執行階層的基本功，也是數位時代每一位不需要親自動手的管理者、決策者，都需要具備的基本認識。因為無論是定義商業問題，提出分析需求，或是建置組織人力，都會和以前通用版 GA 獨領風騷的時代，大不一樣了。

7 除了「事件導向」，GA 4 還有什麼厲害的的地方？

GA 4 將過去付費版 GA 360 才有的豪華分析工具，整套大放送了。就舉其中之一「路徑探索」為例，這個工具可以讓我們任意針對一個網頁，或一個事件，前推後敲，像動顯微手術一樣，找出問題癥結。如果和通用版 GA 中類似的功能「目標流程」做比較，可以明顯看出兩個世代的差距。誇張一點講，使用 GA 4，單單讓這一個功能發揮威力，就值回票價。

8 最後，GA 4 對環境有什麼特殊要求？和通用版 GA 真的不會相衝突？

目前看起來，兩者和平共處是沒有問題的。

工具策略中，選擇全域版 (Global Site Tag) 安裝，或是 GTM 安裝，是一個需要盱衡全局後所做的決定。

常見的誤解，以為全域版是 GA 的一個版本，其實，全域版是和 GTM 同格的「容器」，擇一使用即可。兩者都可以用來同時安裝通用版 GA 與 GA 4，本書會以實作詳細解釋這個環境運作的邏輯。

簡化一點來說，全域版可以看成是比較陽春的容器，沒有使用者介面，需要以 JavaScript 來控制，未來可能因為彈性需求，而升階使用 GTM。

以上的幾個問題，大概在本書中都可以找到詳細的答案。

最初，筆者也想模仿 Brian Clifton，躲開工具細節，只談 GA 4 的商業應用策略，避免未來因為變化而與實況不符的尷尬。但動筆後發現，由於 GA 4 採用了跨代技術，如果對技術邏輯、技術原理沒有一定程度的理解，如何談商業策略？所以幾度易稿，最後還是決定，要把這些最基礎的工具原理講清楚，而且是透過實作來解釋。好在現在 UI 發展成熟，操作介面都已經高度智慧化，未來即使有所改變，也有跡可循。

筆者自己當年受惠於《流量的秘密》一書，雖然如今回看，此書已經全盤不合時宜，像是歷史書了，但 Brian Clifton 詳細解釋工具原理，確讓筆者在往後使用 GA 的歲月裡，不驚不乍，穩步向前。如今面對 GA 4，筆者不揣淺陋，願將自己透過學習與實務，對工具原理與商業邏輯的一點體會，與大家分享，希望幫助大家，在未來與 GA 4 相伴的日子裡，能夠多一點從容，增幾分樂趣。當然，最後能將工具與商業營運緊密結合，提升營運成效，賺更多的錢。

目錄

代序 為什麼寫這本書？

1 認識 GA 4

2 動手建立實作環境

3 GA 4 報表導覽

4 事件 Events

5 以 GTM 改裝 GA

6 實作計畫之一：以 GA 4 內建功能安裝「網頁瀏覽」事件

7 實作計畫之二：以 GTM 安裝「點擊」事件

8 實作計畫之三：以 GTM 安裝旋捲事件

9 自訂維度 Custom Dimension 與自訂指標 Custom Metrics

10 豪華版分析報表 – GA 4 探索 Explore

11 電子商務關鍵分析

12 GA 4 基礎設定

13 自訂廣告活動

14 GA 4 標準報表導覽

Chapter

1

認識 GA 4

1-1 GA 家族介紹

1-1-1 關於 GA 服務名稱

Google 分析 (GA，Google Analytics) 自 2005 年問世，經過多年的發展，已經向四方延伸，形成了完整的商業數據分析生態系。而在發展的各個階段中，曾經出現過多種不同的版本名稱。

我們在提到不同版本時，都會準確使用該版本的特定名稱，如：「傳統版 GA」、「通用版 GA」、「GA 4」、「Firebase」、「GA 360」等等。而如果僅用「GA」這個通稱時，則是概念性的泛指 GA 生態系，而不是具體的哪一個工具版本。

1-1-2 GA 發展路徑

GA 的前身，是 Google 從外部購併的網站數據分析工具 Urchin，目前這個版本早已廢棄，只有以 Urchin Tracking Module 縮寫為名的 utm 參數名稱，保留了最後一絲曾經走過的痕跡。

Google 於 2005 年購併 Urchin 後，將其改頭換面，以 Google Analytics 的名稱，開始提供免費服務。此時的 GA，通稱「傳統版 GA」，目前也已經走入歷史，不再提供服務了。

圖一、GA 產品發展路徑

1-1-3 當前主流版本：通用版 GA (Universal Analytics)

2012 年 Google 推出「通用版 GA」，雖然在表面上，延續了傳統版 GA 的使用者介面，數據也可以沿用，但核心程式做了大幅度的更新。後續再推出的許多新功能，也都是以通用版 GA 為基礎。同時，對於傳統版 GA 的維護也停止了。2012 年以後才開始使用 GA 的朋友，都是從通用版 GA 入手，完全不需要理會傳統版 GA。

截至目前為止，通用版 GA 仍然是市場上使用最廣的 GA 版本。

由於執行各個版本的函式庫 (Library) 不一樣，有時候我們會直接用函式庫的檔案名稱，來描述各個版本。通用版 GA 的函式庫檔名為 analytics.js。商業端的朋友，只要知道版本和函式庫檔案名稱的對應關係就夠了，至於函式庫的內容，大概不會有機會接觸。

1-1-4 全域版其實是一個容器

2017 年 GA 推出了全域版 (Global Site Tag)，函式庫檔名為 gtag.js。推出以後，很多人誤以為又是另一個新版的 GA。但其實全域版是一個中性的「容器 (Container)」。如果從 GA 後台，選擇安裝全域版，其實是安裝一個全域版容器，以及已經內建在這個容器中的通用版 GA。這樣執行的結果，使用起來，和直接安裝通用版 GA 完全一樣。

但做為一個中性的「容器」，全域版不僅可以容納通用版 GA，還可以容納 Google Ads 的各種代碼，當然，也包括我們現在所介紹的 GA 4 (參見圖一)。當我們開始同時使用通用版 GA 以外的工具，要在全域版中加入其它代碼時，才會顯現出容器的特性，以及與獨立通用版 GA 追蹤碼的不同之處。

大家如果第一次接觸，對於「容器」的概念還不是很清楚也不用擔心，在後面的章節中，我們會實際建立環境，在一組容器碼之中，同時安裝通用版 GA 以及 GA 4，實作之後，就很容易理解了。

1-1-5 行動應用程式 (App) 分析

除了以上針對「網站」進行分析的模組以外，GA 還有一個獨立的 App 分析模組，名為「GA for Mobile Apps」。

但因為 GA for Mobile Apps 的分析邏輯沿用網站分析的概念，在實戰上，與 App 的用戶習慣不盡相容，不能充分滿足分析需求。因此，Google 於 2016 年正式將其放棄，改推另一個外購的專用 App 分析平台 Firebase。

1-1-6 跨平台分析的缺口

當時，如果分析網站，要安裝通用版 GA；如果分析 App，則要安裝另一個工具 Firebase。而這是兩個不同來源的異質分析工具，所以，如果企業同時提供了網站和 App 服務，分別安裝了兩個分析工具以後，同一位訪客跨平台的足跡，由兩個工具所收集的數據，分別記錄在兩個不同的資源中，很難加以整合，不能掌握訪客足跡的全貌，也就很難深入執行以「人」為核心的行為分析了。

針對上述問題，GA 曾經嘗試過各種解決方案，最後在 2019 年 6 月，終於改弦更張，將原本分析 App 的專用工具 Firebase，功能延伸到網站分析，推出了可以同時安裝於 App 及網站的整合工具「Web + App Property」，開放 Beta 測試一年多以後，於 2020 年 10 月 16 日，將其更名為 GA 4，正式推出。

1-1-7 GA 4 發展現況

目前 GA 4 尚處於產品發展的初期，分析網站的能力也還不夠全面，對於大部分企業而言，立即取代通用版 GA 的時機可能還未到來。但因為 GA 4 從數據結構到報表設計，都採用了跨代的新技術，有一些厲害的功能，讓人耳目一新。此外，官方也已經確定，未來 GA 的發展，都會在 GA 4 的架構下進行。

GA 4 的新架構大幅提高了在商業應用上的深度與彈性，但也因為如此，需要使用者自主執行的各種設定也大幅增加，墊高了進入障礙，學習曲線明顯拉長。

所以，無論企業應用網站數據分析的現況到達何種程度，此刻導入 GA 4 都可以開始累積數據，啟動組織學習的進程。而與通用版 GA 平行運作，更可以相互驗證數據的準度與效度，未來 GA 4 日漸成熟，企業如果面臨是否換軌的決策時，也可以有充分的論證基礎，不會因為知識斷層，或數據無法銜接而造成困擾。

1-2 面對 GA 4 企業應該採取的策略

1-2-1 為什麼建議 GA 4 與通用版 GA 平行運作？

理由一，GA 的產品策略容許 GA 4 與通用版 GA 在網站中並存，各自獨立運行，兩者互不干擾。

理由二，應用商業分析的成熟度，需要靠歷史數據來支撐。有了足夠的數據積累，才能夠反覆檢驗、持續優化，建立起與商業行為連結的判讀經驗與對策模式。所以，提前開始收集數據，對於日後的評估與判斷，都是非常重要的。

理由三，GA 4 的未來性非常明確，無論是導入機器學習，或是釋出過去在高價的 GA 360 中才具備的功能，在在都顯示出 Google 已決定未來以 GA 4 為發展主軸的官方策略。

雖然目前 GA 4 的完整性不足，尤其是流量來源分析的能力，尚不及通用版 GA，但基於上述的三個理由，我們會建議在此刻企業應該考慮同時安裝通用版 GA 與 GA 4。

1-2-2 已經具備 GA 經驗的企業該怎麼做？

已經在使用通用版 GA 的企業應該立刻加裝 GA 4，這樣，就可以開始收集數據。基於通用版 GA 的經驗，兩者平行運作，可以透過比對，驗證新工具 GA 4 的信度與效度。

如果原本通用版 GA，是以程式碼植入網頁的方式安裝，那麼，在加裝 GA 4 時，還可以考慮是否換裝為 GTM。

GTM 是一個由 Google 提供，可以免費使用的代碼管理工具平台。換裝與否，需要考慮比較多的現況條件。在接下來的第二章中，我們會先介紹以全域版安裝通用版 GA 與 GA 4。在後面的章節中，我們還會介紹改用 GTM 安裝的實作範例。大家如果對於這兩種方式都有了經驗，以後，在決定是否換裝 GTM 的時候就更有把握了。

1-2-3 完全不具備 GA 經驗的企業該怎麼做？

如果是從零開始，準備要導入網站數據分析的企業，可以同時啟用通用版 GA 與 GA 4 資源。雖然同時啟用，但實際作業時，不需要同時使用兩個工具，還是以通用版 GA 為主，GA 4 只是輔助與參考。

因為通用版 GA 的工具穩定性高、分析模型成熟、報表完整、數據即用性高，對於使用經驗不足的組織可以立竿見影，較快看到效果。而 GA 4 是還未達穩定版的新工具，系統設定與報表判讀都比較複雜，如果使用者又是新手，撞牆期拉長，難以快速看到成效，興趣與動機都可能受到打擊。

由於 GA 4 以「事件 (Events)」為資料收集的基礎，而大量事件需要自行設定。如果商業端的使用者希望可以不必倚賴技術支援單位，自行創建、編修、刪除事件，以提高應用彈性，則建議優先考慮以 GTM 執行安裝。

1-2-4 哪些類型的企業對 GA 4 有迫切需求？

GA 4 在應用上最大的特徵，就是跨平台運行。只要使用單一工具，就能夠同時收集、分析來自網站和行動應用程式（App）的訪客資訊，徹底顛覆了過去使用不同工具，導致資訊隔離的困局。

但回到實務面，並不是所有企業對於整合網站和 App 訪客資訊，都有迫切的需求。GA 官方在開發者文件（GA Developer Guide）中，有一段文字，明確的從功能技術層面，精準界定最需要使用 GA 4 的商業情境：

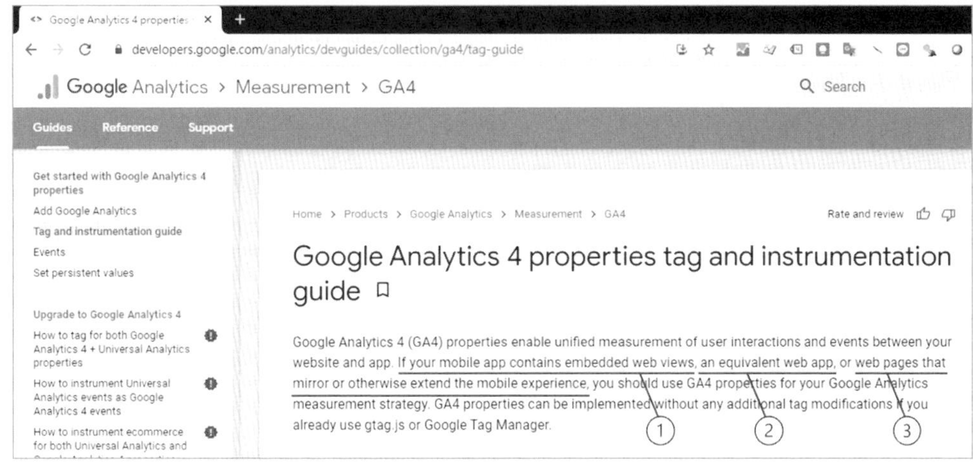

圖二、關於 GA 4 最佳應用情境的官方說明

由於 GA 開發者文件目前只有簡中譯文，與正體中文語境不同，較難理解，所以列出原文供大家參考，並標註出文中列舉最適用 GA 4 的三種應用情境。

根據上文的說明，如果企業的服務型態是以下三類，則應立刻考慮導入 GA 4：

- 包含嵌入式網站畫面的行動應用程式
- 與行動應用程式等效的網頁應用程式
- 鏡像或擴展行動裝置體驗的網頁

如果用白話來解釋，就是「網站與 Mobile App 提供相同服務的營運型態」，若要舉實例，主要是「購物」、「視頻」、「遊戲」等產業。

換句話說，如果企業並沒有提供行動應用程式，或者行動應用程式只是行銷輔助，並非與網站相同的服務主體，則沒有換裝 GA 4 的急迫性。

1-2-5 GA 4 後續發展預測

自從 2020 年 10 月 16 日結束 Beta 測試，推出正式版本開始，到 2021 年中，短短幾個月之內，就看到了 GA 4 快速的變化，印證了 GA 官方所稱，未來的新發展都會以 GA 4 為基礎，我們可以大膽預測，目前 GA 4 的不足之處未來應該都會獲得改善。而未來還有更多的新功能會不斷推出。大家在此時，最重要的改變，就是將環境準備好，為未來提供最多的選擇機會。

Chapter

2

動手建立實作環境

2-1 實驗網站

2-1-1 實驗網站的目的

由於 GA 的工具介面及操作流程都非常複雜，單憑文字理解很難將所學概念落實。所以實作練習就變得非常重要。而要建立一個 GA 的實作環境，包含三個基本步驟：建立 GA 的帳戶，建立 GA 資源並取得追蹤碼，最後將追蹤碼安裝到目標網站中。

在真實的工作中，建立網站並不屬於營銷、管理人員的職責。但我們如果要學習 GA，需要一個可以動手練習的環境。而拿正式營運的商業環境來練習，並不是一個好主意。所以，我們需要一個專供練習的網站，用來構建實作環境。在本書中，我們帶大家動手建立網站的目的就只是為了更好的學習 GA，而不是為了學習建立網站的專業技能。

如果已經擁有自主管理程式碼，而且可以拿來練習，不怕犯錯的網站，當然可以直接拿來當作實驗網站，不一定要建立以下我們示範的 Google 網誌。

不同的網站，安裝 GA 的原理都一樣，但實際安裝的位置與技術細節，卻不盡相同，如果不確定如何安裝，需要去查詢該網站的技術文件。

2-1-2 本書選擇 Google 網誌當作實驗網站的理由

如果從商業網站的角度來看，Google 網誌無疑是輕簡而功能不足的，但我們選擇它的原因，不是因為它做為商業網站的表現，而是因為它簡單且可以免費執行程式碼安裝，從全域版到 GTM 都不成問題。如果目的是為了練習使用 GA，則從入門到中級程度都可以輕易在這個平台實現。如果使用其它專業網站，也許有更佳的商業表現，功能更為強大，但建置網站本身的複雜度高，還有費用及各種限制，對於單一學習 GA 的目的，會變得礙手礙腳。

2-2 Google 網誌

2-2-1 建立 Google 網誌

要建立 Google 網誌只要搜尋「blogger」，找到「https://www.blogger.com」網址下的「Blogger.com」條目。

開啟連結後，點擊「建立網誌」，再依序輸入網誌名稱、自訂網址，網址如果被接受，就可以點擊「下一步」，再輸入個人暱稱，就完成了。

網址格式 XXXXX.blogspot.com，只能自訂第一段 XXXXX，由於網址不能與現有網誌重複，通常要在 XXXXX 後添加獨特數字，才會被系統接受。

完成後，會看到以下的網誌後台畫面 (實際畫面或有變動，以現況為準)：

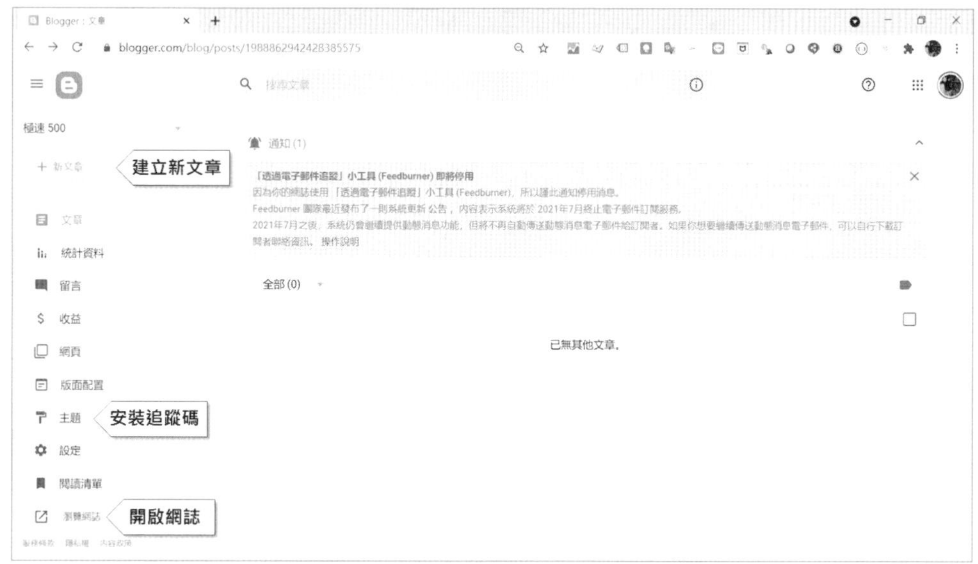

圖一、Google 網誌管理後台

從後台左邊主功能選單最下方，按「瀏覽網誌」，就可以開啟網誌的瀏覽頁面。

2-2-2 Google 網誌內容整備

接下來請在建好的網誌建立兩篇貼文，為後續的實作測試建立環境。

回到網誌後台，點擊左上方「+ 新文章」，就可以開啟新貼文畫面。

第一篇貼文，標題和內容請各位讀者自選自訂，但文章不要太短，最好超過標準電腦螢幕三屏以上。這一篇貼文的目的，是要測試「旋捲」事件，長度如果不夠較難分辨事件觸發深度。在我們的範例中，用的就是本書第一章的草稿，文章標題是「認識 GA 4」。

第二篇貼文，以一個站內導覽連結為例，目的是要測試「點擊」事件。貼文標題請隨意自訂，在範例中為「Test」。

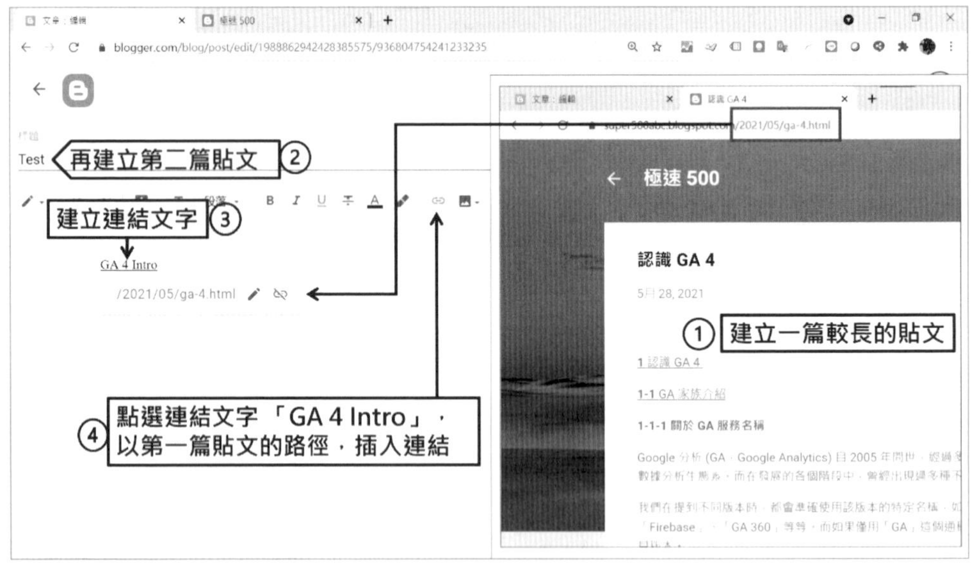

圖二、實驗網站貼文

貼文內容則是一個文字連結，指向第一篇貼文。在範例中，文字為「GA 4 Intro」。Highlight 連結文字，然後點擊上方功能「插入或編輯連結」，將第一篇貼文的網頁路徑，插入連結文字。

各位如果有興趣，當然可以好好的經營網誌，加入更多豐富的內容。但要執行本書中的事件測試，完成以上兩篇貼文就夠了。

2-3 GA 帳戶

2-3-1 GA 帳戶管理層級

GA 傳統的結構是以個人 ID 歸戶，其下依序為「帳戶 Account > 資源 Property > 資料檢視 View」三個層級。依序排列出這三個層級的名稱，是 GA 認證考試的必考題。

但是，GA 4 是從體系外的 Firebase 延伸發展而來，架構與 GA 家族不同。在 GA 4 中，目前只有「帳戶」與「資源」兩層，並沒有「資料檢視」層。

由於「資料檢視」在大型組織中是非常有用的功能，並不是落伍的設計。目前官方對這一差異並沒有明確表態，未來如果在 GA 4 更成熟以後，把「資料檢視」層級加回來，也是有可能的。當然，這純屬臆測。GA 本身，對於產品的發展策略，也是透過市場反應，不斷的檢驗與調整，而不會過早的下結論。對於 GA 的長期用戶而言，預測它的下一步也是在高強度的數據分析工作之餘一點小小的樂趣。

GA 免費版對於這三個層級訂有數量上限，每個 ID 可以管理 100 個帳戶，每個帳戶下可以建立 50 個資源，每個資源可以開啟 25 個資料檢視。由於配額夠多，一般企業很少會超過，所以大家也不太需要去注意這個上限。

個人名下可能會管理很多的帳戶、資源、資料檢視。這時候，有系統的命名，訂定一套命名規約 (Naming Convention)，就變得很重要。否則，如果隨興命名，漫無章法，無法清楚顯示位階與相互關係，經過一段時間以後，維護就會變得越來越困難。

2-3-2 「帳戶」的管理意義與命名原則

「帳戶」是一個單純的分類層級，沒有技術設定。通常我們會將相同所有權，或是相同類型的的資源，歸於同一個帳戶之下。舉例來說，如果同時管理公司、客戶和自己的三個網站，則應該分別為公司、客戶、和自己，各開立一個帳戶，分別管理不同所有權的三個網站，而不應該將三個網站放在同一個帳戶底下。所以，帳戶的命名原則，就是所有權人的名稱或代號。

2-3-3 通用版 GA –「資源」的管理意義與命名原則

在通用版 GA 的架構中，「資源」是一個資料來源，通常一個網站，或是一支 App，就是一個「資源」。每建一個網站資源，就會產生一組追蹤碼；每建一個 App 資源，會產生一組 SDK。一個資源只針對一個資料來源收集數據，收集到的數據就彙整於這個資源之下。所以，資源的命名原則，就是對應的網站或 App 的名稱。

2-3-4 GA 4 –「資源」的管理意義與命名原則

而在 GA 4 的架構中，「資源」位階提升了一級，成為一個數據彙整單元。在一個資源下，還可以彙整數個「資料串流 Data Stream」，資料串流才是一個資料來源。

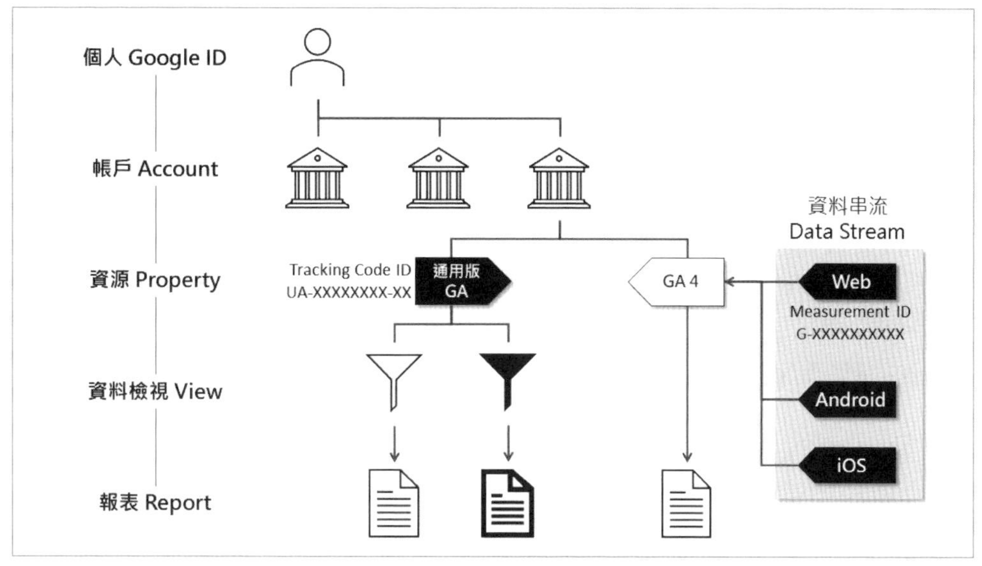

圖三、GA 帳戶結構

所以，網站是一個資料串流，Android 版 App 是一個資料串流，iOS 版 App 又是一個資料串流。針對不同的資料來源，以「資料串流」為單位，將收集到的數據彙整到同一個資源下，透過這樣的結構，實現了跨平台數據整合，而這也是 GA 4 與通用版 GA 的關鍵差異之一。

由於 GA 4 的「資源」，可以彙整多個資料來源的數據，所以「資源」的命名原則，就應該是這些資訊源組合的服務名稱。

「資料串流」是一個聽起來比較技術性的名詞，過去，只出現在 GA 的技術文件中，使用者管理介面從來沒用過。如今，GA 4 採用了這個名詞，大家也不要想得太複雜，只要將其理解為一個「資料來源」就可以了。

2-3-5　「資料檢視」的管理意義與命名原則 – 僅限於通用版 GA

GA 4 中沒有「資料檢視」層級，所以在「資源」彙總的數據會直接送到報表。

而在通用版 GA 中，「資源」彙集的數據，還可以根據不同的用途、不同的使用權限，將收集到的數據以「資料檢視」層預先處理，處理過的數據，才傳送到報表。所以，即使在同一個資源底下，打開不同的資料檢視，可能會看到不同範圍的數據。

所以，「資料檢視」的命名原則，應該就是使用者組合，或是數據範圍的名稱。

2-3-6 建立 GA 帳戶與資源

我們現在就開始動手來建立 GA 帳戶與資源。由於是個人練習用途，所以根據以上的說明，帳戶的合理名稱，應該就是個人的名稱或代號。而資源的名稱，就是剛才建立的實驗網站的名稱。

建立 GA 帳戶非常簡單，只要搜尋「GA」或是「Google Analytics」，就可以找到連結至網址「https://analytics.google.com」的條目，開啟以後，如果是首次使用，只要以個人的 Google ID 完成登錄，就會進入 GA 帳戶設定的畫面。

如果已經有 GA 帳戶者，則開啟 GA 主畫面，選擇左下角的齒輪圖標「管理」，進入管理介面 (參見圖四)，再點擊帳戶編輯欄上方的「+ 建立帳戶」，就會進入帳戶設定的畫面 (參見圖五)。

如果已經建有屬於個人的帳戶，不需要再建新帳戶，則在管理介面選定個人帳戶，然後點擊資源欄上方的「+ 建立資源」，就可以開始建立新資源。

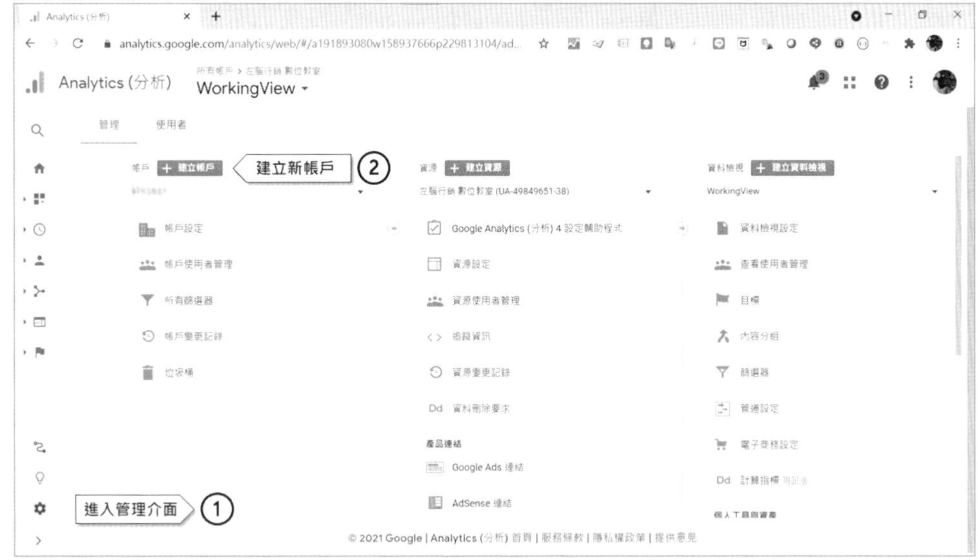

圖四、GA 管理介面

從建立帳戶開始，依序會經過三階段，分別是「帳戶設定」、「資源設定」、「提供商家相關資訊」。

開啟「帳戶設定」後進入第一階段 (參見圖五)，在「帳戶名稱」輸入框中，輸入帳戶名稱。我們在這裡的範例，為帳戶命名為「課程練習」。各位可以依照自己的命名原則，訂定帳戶名稱。

接下來的四個核取框，內容是授權 GA 可以接觸帳戶中的數據，但都是選擇性設定，沒有強制性，取消勾選也不會影響使用 GA。

新建帳戶時，系統會要求同時建立第一個資源，所以按「下一個」，就會進入「資源設定」畫面。

圖五、帳戶設定

進入「資源設定」就要小心一點，在「資源設定」畫面中，先輸入資源名稱，但在此請大家放慢腳步，千萬不要按「下一步」。因為一按「下一步」，就沒有選擇，強迫建立一個 GA 4 資源。

而我們現在的任務，是想要同時建立通用版 GA 和 GA 4 資源，所以要避開強迫建立單一 GA 4 資源的流程。我們只要不按「下一步」(參見圖六)，而是點擊「顯示進階選項」，開啟進階選項畫面，就會發現通用版 GA 仍然建在，可供自主選擇。

在「進階選項」畫面中 (參見圖七)，第一步將右上角的開關開啟，第二步再把目標網站的網址輸入，第三步有兩個選項可選，選項一是同時建立通用版 GA 和 GA 4 兩個資源；選項二則是只建立一個通用版 GA 資源。我們在此模擬從零開始的新建用戶，所以勾選第一個選項，一口氣把兩個資源都建好。如果之前已經單獨建立了 GA 4 資源，想要追加通用版 GA ，則可以選擇第二個選項。

圖六、資源設定

最後，按「下一步」按鍵，進入第三階段「提供商家相關資訊」畫面，勾選業種和企業規模，再按「建立」，就會開啟服務條款視框，選擇「接受」，就完成了帳戶，以及通用版 GA 與 GA 4 兩個資源的建立程序。

以上的工作介面與流程未來很可能還會變動，所以除了操作的細節之外，更重要的是要掌握 GA 的發展策略與設計邏輯，尤其是在官方沒有宣布放棄通用版 GA 之前，路徑容或有改變，只要用心找找看一定可以找得到。

2-3-7　資源設定管理介面全貌

接受服務條款後，會直接開啟「網頁串流詳情」頁 (參見圖八)，這個畫面看起來比較複雜，圖中框線標示的四個區域是其中的四個重要設定，我們現在先不說明，到後面相關章節時再來詳細解釋。現在先依圖示，關閉此頁，再按左方的退回箭頭，就可以回到管理介面首頁。

圖七、資源設定進階選項

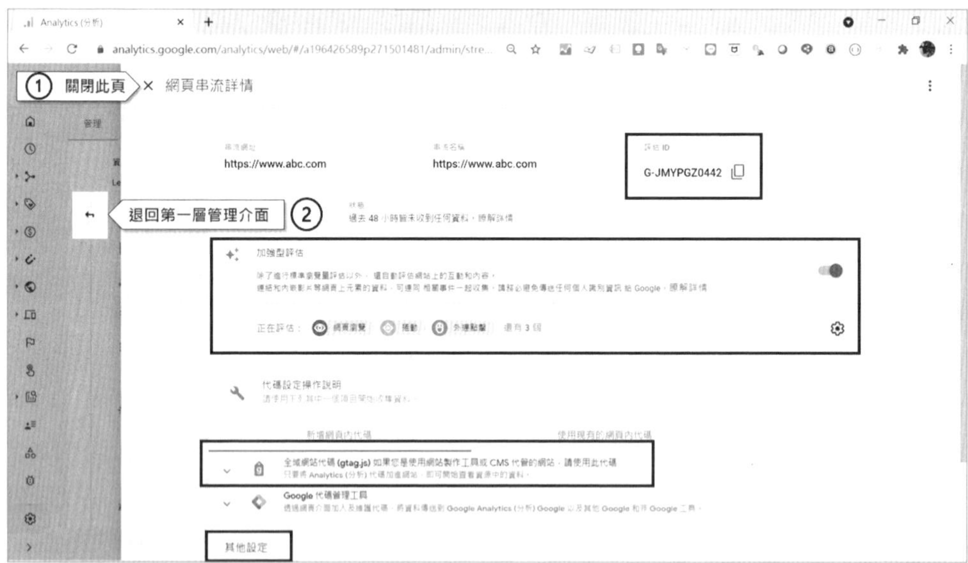

圖八、網頁串流詳情

退回管理介面首頁 (參見圖九)，打開資源欄的拉選框，可以看到兩個同名的資源。雖然名稱相同，但從名稱的後綴可以明確區分，GA 4 資源的後綴是 GA4(XXXXXXXXXX)；通用版 GA 資源的後綴是 UA-XXXXXXXX-XX。

圖九、GA 管理介面首頁

2-4 在網誌中安裝通用版 GA 追蹤碼

2-4-1 安裝流程說明

以下我們開始在 Google 網誌上安裝 GA 追蹤碼，由於大部分的商業網站都已經安裝了通用版 GA，所以我們的安裝順序，也是先安裝通用版 GA，然後再加裝 GA 4，以模擬真實的情境。

2-4-2 取得追蹤程式碼

首先，從管理介面首頁選定帳戶，再選擇通用版 GA 資源，這時會看到帳戶、資源、資料檢視三欄 (參見圖九)。如果選擇的是 GA 4 資源，除了功能細項不同之外，最明顯的差異，就是只有「帳戶」、「資源」兩欄，沒有最右邊的「資料檢視」欄。

選定通用版 GA 資源後，點選下方「追蹤資訊 > 追蹤程式碼」，就會開啟網站代碼的畫面 (參見圖十)。在這個畫面中，可以找到前綴 UA– 的通用版 GA 追蹤碼編號，以及內建該組編號的全域版代碼。

將整段全域版代碼複製以後，我們就要到 Google 網誌的管理後台，去安裝這一組代碼。所以請大家整理一下頁面，保留 GA，再開啟 Google 網誌管理後台、以及網誌覽畫面。為了操作方便，建議把三個頁籤以外的頁面都關閉。

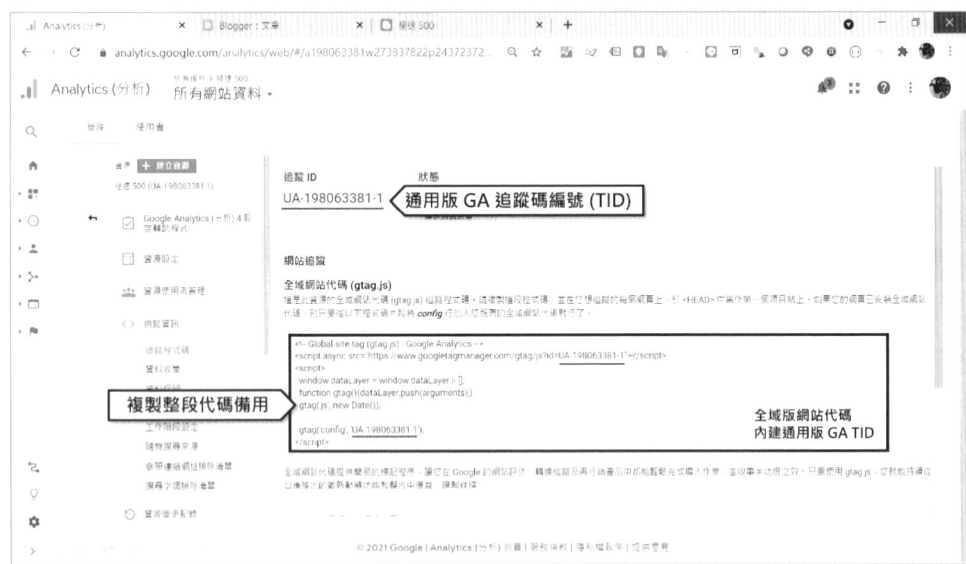

圖十、追蹤程式碼

2-4-3 在 Google 網誌後台安裝全域版代碼

圖十一、在 Google 網誌管理後台開啟編輯 HTML 程式碼畫面

在 Google 網誌中安裝 GA 代碼有兩種方式，一種是依照網誌預設的格式，只要填上追蹤碼編號 TID 就可以了，但這樣安裝，未來各種變化與進階設定就受到限制，所以我們採取直接插入代碼的方式來安裝，先開啟「編輯 HTML」畫面 (參見圖十一)。

如果以其它平台當作實驗網站，則安裝方式與安裝位置等細節，請根據該網站的技術說明來操作。

進入「編輯 HTML」畫面後 (參見圖十二)，要將前面複製備用的全域版代碼，插在 <head> 標籤後。只要把游標移到行號 04 的 <head> 標籤之後，按 enter 開啟空行，然後將游標移到空行中，按 Ctrl+V，就可以把全域版代碼貼上網誌了。貼上之後，按右上方的磁碟片圖標「儲存」鍵，如果在左下角看到「更新成功」的訊息，就成功完成安裝了。

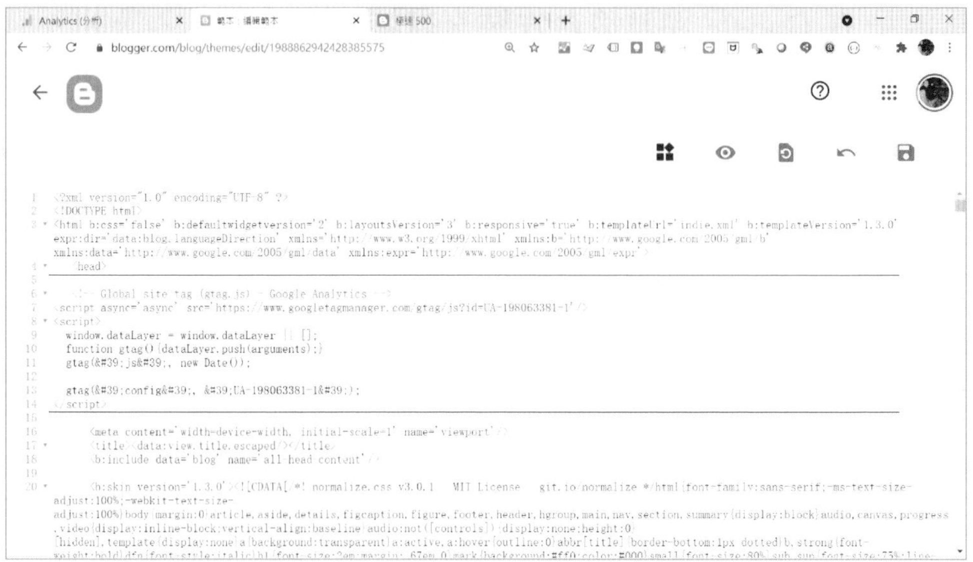

圖十二、在網頁程式中插入全域版代碼

以上的安裝程序，優點是可以讓我們擁有比較大的彈性，執行更多的進階功能。但這不是 Google 網誌設計的標準安裝方式，所以是有代價的，就是如果變更網誌的主題，安裝好的追蹤程式碼也會消失。所以，如果想要修改主題，修改完成後，需要重新安裝一次 GA 才能恢復追蹤功能。

2-4-4 檢查通用版 GA 追蹤碼是否安裝成功

完成以上的安裝程序以後，按「編輯 HTML」頁面左上角的退回箭頭，回到網誌管理後台，點擊左下角「瀏覽網誌」，開啟網誌瀏覽頁面。或者對已開啟的瀏覽頁面，執行「重新載入」一次，這時候只要回到 GA，從左邊的功能選單中，選擇「即時 > 總覽」，如果安裝成功，則會在即時報表中看到訪客的蹤跡 (參見圖十三)。

簡單介紹一下 GA 通用版的即時報表，在總覽中，左邊看到的數字是網站現在的活躍使用者。右邊兩張長條圖，表達的都是瀏覽量。最右邊的一張，記錄了前六十秒鐘的瀏覽量變化，每秒鐘的瀏覽量以一個長條表示。

左邊的一張圖則記錄了前卅分鐘的瀏覽量變化，每分鐘的瀏覽量以一個長條表示。

順便提醒一下，在通用版 GA 的即時報表中，「活躍」的定義是停滯不超過五分鐘。GA 4 也有一張即時報表，同樣也會顯示活躍使用者，但「活躍」的定義，則是停滯不超過卅分鐘。所以特別要注意，在不同的工具中，數字的定義往往不同，如果沒有確定其定義，就拿來對比，會有誤判的風險。

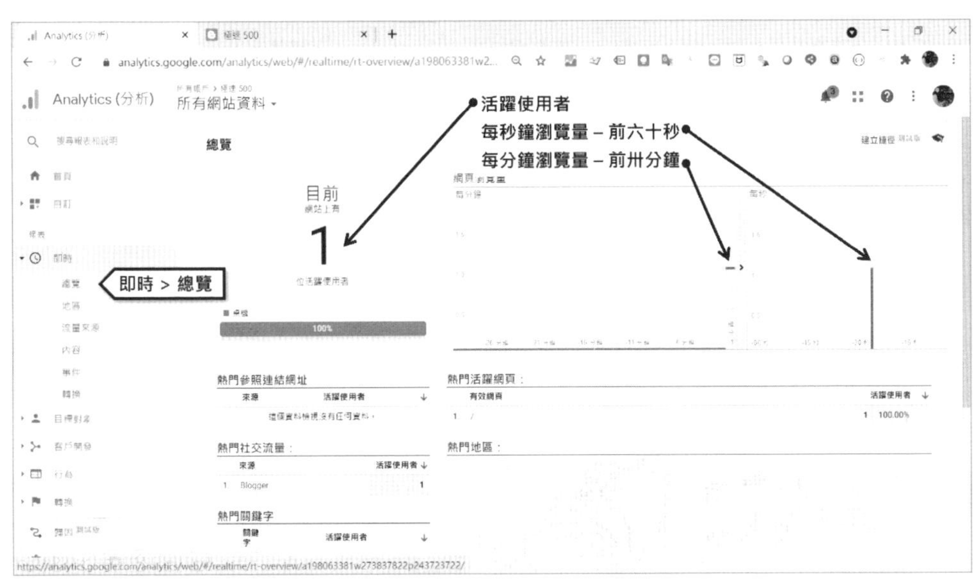

圖十三、通用版 GA 即時 > 總覽報表

2-5 在網誌中安裝 GA 4 追蹤碼

2-5-1 安裝流程說明

我們已經模擬一個新建網站，同時建立通用版 GA 與 GA 4 兩個資源，並將通用版 GA，以內建於全域版網頁代碼的形式，安裝於網誌中了。

由於「全域版」是一個容器，接下來我們要把 GA 4 也安裝到網誌上，就不需要再開啟網頁程式了。我們只要在 GA 的管理介面，將 GA 4 與先前已經安裝好的全域版容器，建立連結，就等同將 GA 4 安裝到網頁程式了。

透過實作，可以落實「容器」的概念。我們只要在網頁程式中植入一組容器碼，未來新增代碼，只要和容器連結，納入這個容器，就可以了。GA 4 可以這樣做，Google Ads 的廣告相關代碼，也可以依相同的程序，納入全域版容器之內。

2-5-2 已經安裝 GA 者，只要新建 GA 4 資源

對於已經安裝了通用版 GA 的商業網站，以上的程序都可以略過，只需要新建一個 GA 4 的資源就可以了。

單獨新建 GA 4 資源的方式也很簡單，只要在管理介面首頁中，選定「帳戶 > 通用版 GA 資源」，然後點選資源欄下的「Google Analytics(分析) 4 設定輔助程式」，之後跟隨指示，幾個簡單的步驟，就可以建好一個 GA 4 資源，再將其加裝到網站上。

2-5-3 確認現在安裝的代碼為全域版

全域版於 2017 年才推出，所以在此之前安裝 GA 的網站，有可能是直接安裝通用版 GA 追蹤碼，而不是安裝內建於全域版容器內的通用版 GA。如果只是使用通用版 GA，這兩種安裝方式完全沒有差別，所以無需去分辨或更換。

但是，當我們想要在容器中加入更多的代碼時，就需要確定安裝的是全域版，因為只有全域版，才有容納其它代碼的功能。如果安裝的是通用版 GA 代碼，並沒有容納其它代碼的功能。

實務上，如果在後台與全域版容器連結後，GA 4 仍然不能正確收集數據時，通常偵錯的第一步，就是檢查安裝在網頁程式中的代碼，是否為全域版容器碼。

如果對網頁程式不熟悉，可以請技術支援單位協助，從網頁中找到已安裝的代碼。如果是通用版 GA，內容是這樣子的：

```
<!-- Google Analytics -->
<script>
(function(i,s,o,g,r,a,m){i['GoogleAnalyticsObject']=r;i[r]=i[r]||functi
on(){
(i[r].q=i[r].q||[]).push(arguments)},i[r].l=1*new Date();a=s.
createElement(o),
m=s.getElementsByTagName(o)[0];a.async=1;a.src=g;m.parentNode.
insertBefore(a,m)
})(window,document,'script','https://www.google-analytics.com/analytics.
js','ga');
ga('create', 'UA-12345678-1', 'auto');
ga('send', 'pageview');
</script>
<!-- End Google Analytics -->
```

而如果是全域版代碼，內容則是這樣子：

```
<!-- Global site tag (gtag.js) - Google Analytics -->
<script async src="https://www.googletagmanager.com/gtag/js?id=UA-12345678-1
"></script>
<script>
  window.dataLayer = window.dataLayer || [];
  function gtag(){dataLayer.push(arguments);}
  gtag('js', new Date());
  gtag('config', 'UA-12345678-1');
</script>
```

以上的差別，其實從第一行的代碼標題，就可以很容易的分辨出來。如果確定現行安裝的是通用版 GA 追蹤碼，只要到對應的資源中，取得全域版網頁代碼，替換通用版 GA 追蹤碼就可以了。正常狀況下，將通用版更換為相同 TID 的全域版代碼，並不會影響報表與歷史數據，使用者不會有感覺。

2-5-4 兩個好用的 Chrome 外掛程式

GA 的輔助應用程式非常多，我們在這裡介紹兩個 GA 使用者必須配備的基礎工具：GA Debugger 和 GA Tag Assistant。

這兩個都是 Chorme 瀏覽器的外掛程式，均由官方發行，沒有第三方的安全疑慮。大家只要在搜尋引擎尋找 GA Debugger 和 GA Tag Assistant，就可以在「Chrome 線上應用程式商店」中找到並安裝。

其中，GA Debugger 可以在 JavaScript Console 中展開 Debug 模式，包含錯誤與警告訊息，以及追蹤信標的回傳。這個工具有一定的技術深度，商業端人員不一定用得上，但是對於負責安裝追蹤碼的技術支援人員，是非常有用的。

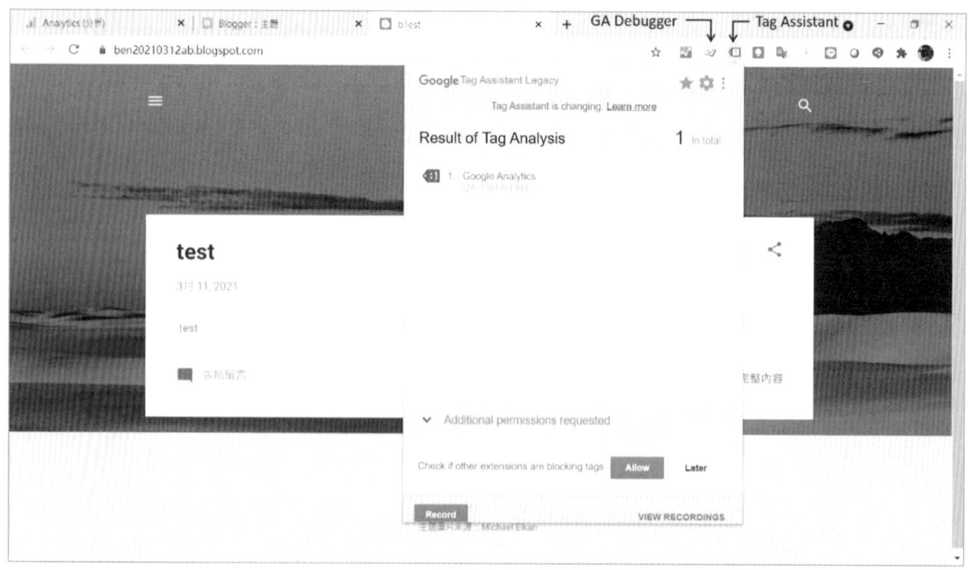

圖十四、GA Debugger 與 GA Tag Assistant 的瀏覽器圖標

安裝完成並啟用後，就可以在 Chrome 瀏覽器的工具列上看到圖標 (參見圖十四)。

GA Tag Assistane 可以檢查網頁中安裝的 Google 家族各種代碼，安裝後，圖標中會顯示現行安裝的代碼數量，點擊開啟後，則可以看到目前網頁內的代碼清單。

如果瀏覽器安裝了 GA Tag Assistant，那麼，檢查追蹤碼版本，就不需要到網頁程式碼中去尋找了，只要開啟 GA Tag Assistant，如果安裝的是原始通用版 GA 追蹤碼，則在畫面中看到僅有一個通用版追蹤碼 (參見圖十四)。

而如果安裝的是內建通用版 GA 的全域版程式碼，則在 GA Tag Assistant 的清單畫面中，會同時看到兩個代碼，兩個代碼的編號完全一樣，但一個加註了 (gtag.js)，另一個則是單純的通用版 (參見圖十五)。

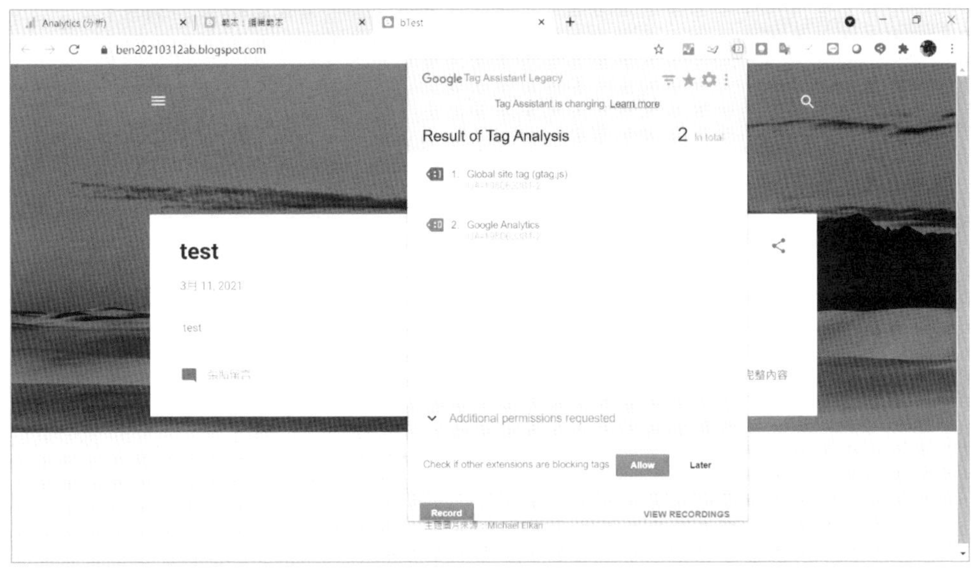

圖十五、以 GA Tag Assistant 檢查安裝全域版的網頁

2-5-5 取得 GA 4 串流 ID

要取得網頁串流的 ID，從 GA 報表區，點擊左下角的齒輪圖標，就可以進入 GA 管理介面首頁。從管理頁面首頁，選定帳戶，選擇 GA 4 資源，再從下方選擇資料串流，就會進入資料串流清單 (參見圖十六)。

圖十六、GA 4 資料串流清單

前面已經解釋過，資料串流的定義可以簡單理解為一個「資料來源」。目前我們僅開啟了網頁串流，如果要將 App 收集到的數據也納入這個資源，只要打開右方「新增串流」拉選框，依指示執行相關的 App 設定與安裝作業就可以了。我們在這裡點選清單中唯一的網頁資料串流，開啟「網頁串流詳情」頁面，這個頁面就是我們一開始建立 GA 資源後，預設開啟的畫面 (參見圖十七)。

我們現在只需要取得這個串流的 ID，GA 4 給它取了一個特殊的名稱，叫做「評估 ID (Measurement ID)」，就是右上角前綴 G– 的那一組 ID。複製好以後，就可以關閉「網頁串流詳情」頁面，再按退回箭頭，回到管理介面首頁。

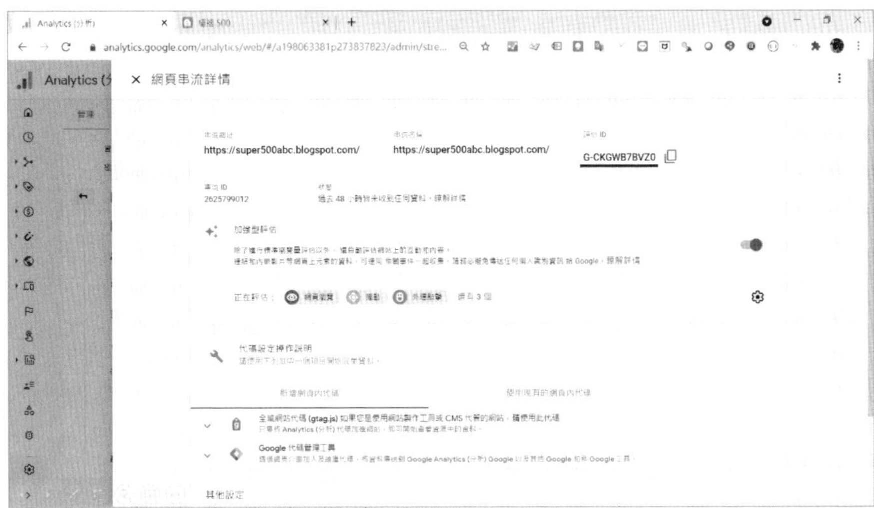

圖十七、網頁串流詳情

2-5-6　將網頁串流的「評估 ID」與全域版容器連結

回到管理介面首頁後，重新選擇通用版 GA 資源，再進入「追蹤資訊 > 追蹤程式碼」頁面 (參見圖十八)。這就是前面我們取得全域版網頁程式碼的位置，已經來過一次，大家應該已經熟悉了。

圖十八、開啟「已連結的代碼」工作區

在這個頁面中，我們在全域版網頁程式碼的下方，看到一個區域「已連結的網站代碼」，點擊右邊箭頭，開啟「已連結的代碼」工作區 (參見圖十九)，在這個工作區中，將複製的 GA 4「評估 ID」貼在左邊的輸入框中，再將必要的說明填入右邊輸入框。最後，只要按右方的「連結」，下方就會出現「已連結的代碼」，只要關閉工作區，就完成「將 GA 4 放入全域版容器」的任務了。

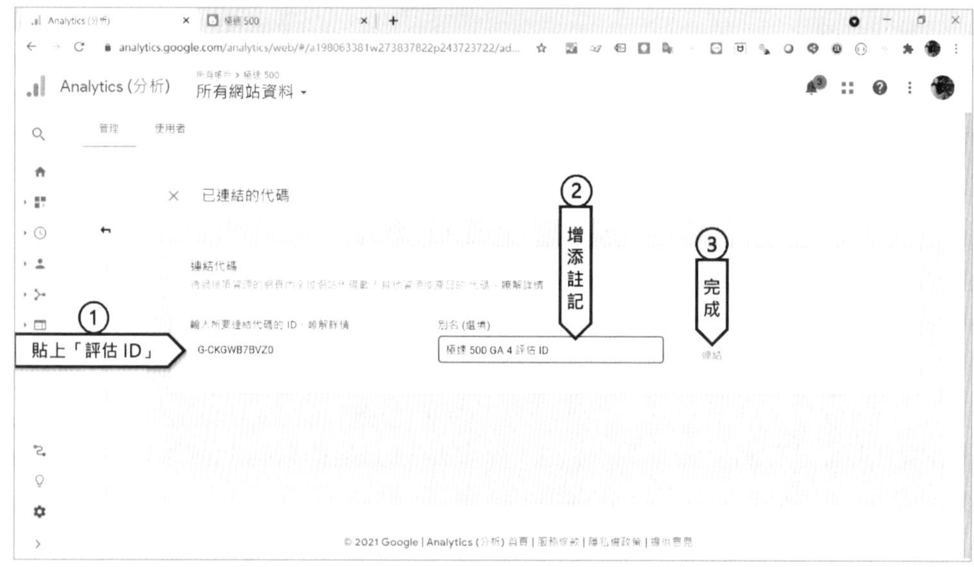

圖十九、增添連結代碼

2-5-7 檢查 GA 4 追蹤碼是否安裝成功

回到網誌瀏覽頁面，重新載入一次，再回到 GA ，從管理介面首頁，按左上角的「Home」回到報表頁面，從左上角的報表選擇框中，選擇 GA 4，再從左側選單中選擇「即時」，開啟 GA 4 即時報表 (參見圖二十)，只要在報表中，出現活躍使用者的數字，就表示安裝 GA 4 也成功了。

圖二十、GA 4 即時報表

我們前面安裝通用版 GA 時，只要瀏覽網頁，回到即時報表，立刻就會看到活躍使用者的數字出現。但回到 GA 4 即時報表，通常都還要等一下，才會看到活躍使用者數字出現，由此也可以看出，目前 GA 4 的效能，仍然比不上通用版 GA。大家如果碰到這種情形，就耐心的稍等一下。根據經驗，GA 會不斷改善系統成效，也許不久的未來，這種延遲的現象，就會消失了。

2-6 開啟 GA 示範帳戶 (Demo Account)

2-6-1 GA 示範帳戶介紹

以上我們已經建立了一個屬於自己的 GA 帳戶，然後開啟通用版 GA 與 GA 4 兩個資源，並且都安裝到網誌上了。對於這個帳戶以及這兩個資源，我們都有最高權限，可以執行任何的設定，這也是我們要建立這個環境的目的。

但是，完整的 GA 知識除了基礎設定以外，對數據、報表的判讀能力也很重要。而因為網誌初建，內容與流量都嚴重不足，所以打開 GA 報表，看不到足夠的有效數據，對於判讀報表，所能提供的幫助有限。

GA 官方為了幫助大家的學習，建立了一個示範帳戶，是以一個 Google 的電商網站為基礎，安裝了整套的 GA，把報表的檢視及分析權限開放給大家，不能執行任何設定，但有完整的報表可以參考。

目前，GA 示範帳戶共開放了三個資源，一個是傳統的通用版 GA，還有一個是在同一網站上安裝的 GA 4，兩者都是以網頁追蹤為主。另外第三個資源，則是包含遊戲 App 的跨平台環境。

2-6-2 開啟示範帳戶

只要到搜尋引擎中，搜尋「GA Demo Account」，找到標題為「示範帳戶 –Analytics (分析) 說明 –Google Support」的連結，點擊後開啟「示範帳戶」說明頁面。這是 GA Help 中的一篇標準文件，從這份文件中，點擊第一段文字「存取示範帳戶」最後一行的超連結「存取示範帳戶」，如果你在 GA 登入狀態下，就會直接進入 GA 示範帳戶。只要看到左上角顯示「1 Master View」(參見圖二十一)，就表示示範帳戶就開啟成功了。

如果不是在 GA 登錄狀態下，點擊「存取示範帳戶」，則會進入登錄程序，以 Google ID 登錄後，才會看到示範帳戶的畫面。

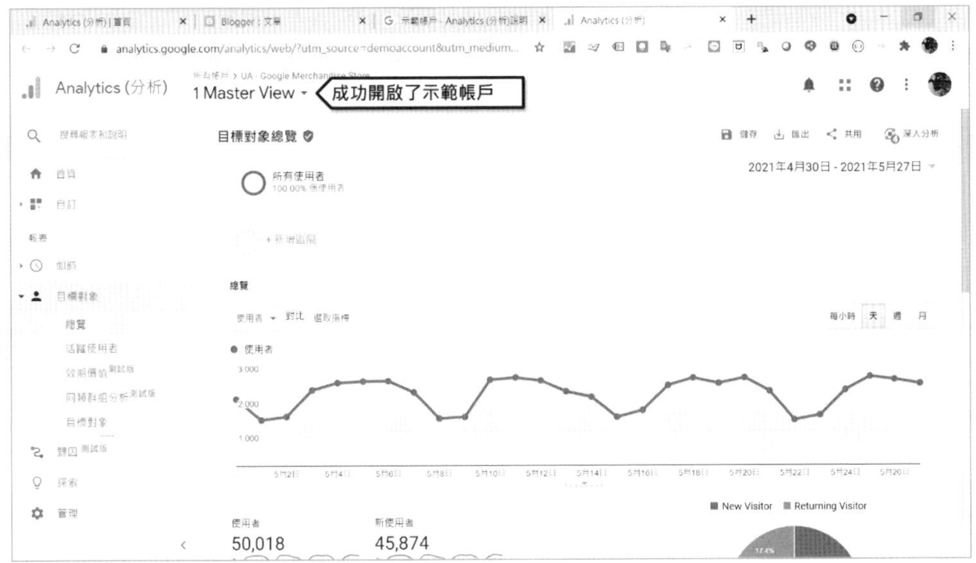

圖二十一、GA 示範帳戶首頁

2-6-3 GA 示範帳戶內容

如果點擊「1 Master View」右方向下箭頭，開啟帳戶選單 (參見圖二十二)，就可以看到示範帳戶下的三個資源，由上而下分別是：

- 整合網站及 App 遊戲平台
- 安裝於電商網站的 GA 4
- 安裝於電商網站的通用版 GA

由於本書的對象是 GA 4，在後續的章節中，主要檢視的都是 GA 4 資源，所以要點選的是畫面中的第二個選項「GA 4–Google Merchandize Store」。

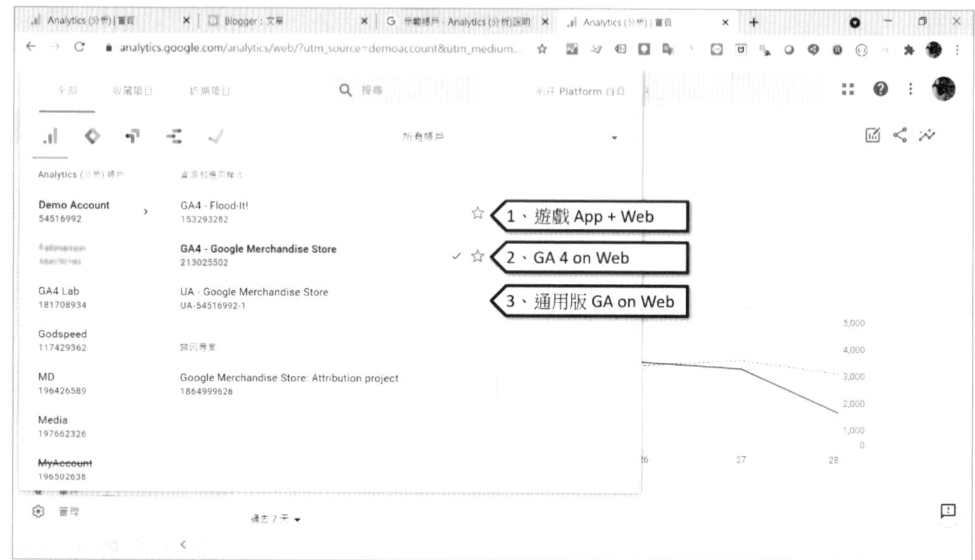

圖二十二、示範帳戶的資源

Chapter

3

GA 4 報表導覽

在第二章中，我們已經建立了一個屬於自己的實驗環境，並開啟了 GA 官方的示範帳戶。這一章我們就會藉由示範帳戶，來熟悉 GA 4 的報表，以及其中最關鍵的數據節點。

3-1 報表結構與分析模型

3-1-1 GA 4 首頁

GA 4 資源的使用介面，結構和通用版 GA 一樣，分為報表區和管理區，如果要在兩個區域中切換，就分別點擊左邊功能區最上方的「首頁 Home」圖標，以及最下方的「管理 Admin」齒輪圖標。

登錄 GA 以後，切換到報表區，先開啟上方帳戶選擇區拉選框，帳戶選擇「Demo Account」，資源選擇「GA 4 – Google Merchandise Store」，就可以看到以下的 GA 4 報表首頁。

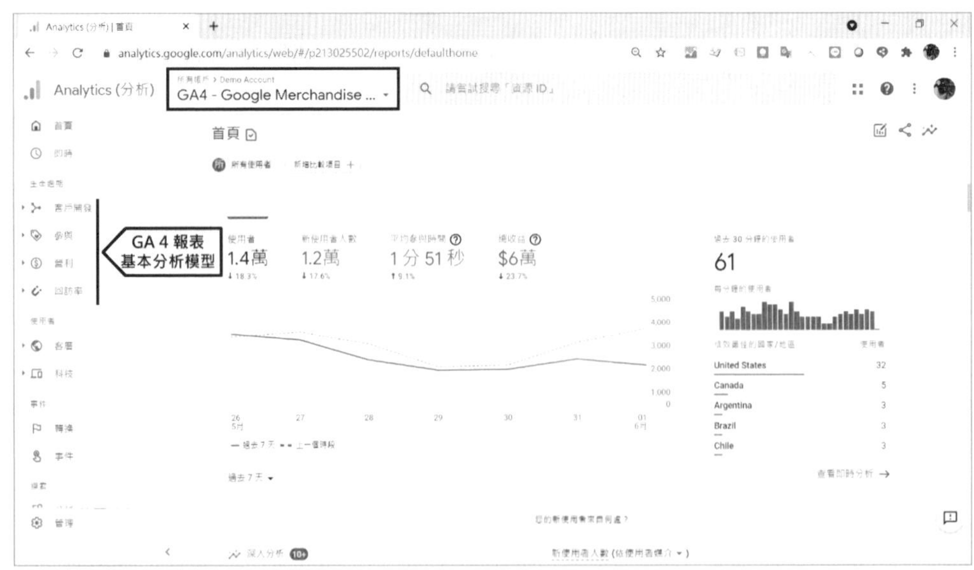

圖一、GA 4 報表首頁（目前左側選單有新版測試中，請參閱第十四章）

3-1-2 GA 4 分析模型

回憶一下，在通用版 GA 的報表區，左邊的功能選單有七大選項，分為四大類，前三項「首頁」、「自訂」、「即時」，自為一類。後四項「目標對象」、「客戶開發」、「行為」、「轉換」構成了標準報表組合，而一個分析工具，如何安排與設計標準報表，直接反映了這個工具的設計邏輯與分析策略，所以報表結構，也可以理解為這個工具的分析模型。通用版 GA 的分析模型，就是依據訪客與網站接觸的流程而搭建的。

到了 GA 4，左邊功能選得上的項目更多了，但其實標準報表組合，就是歸在「生命週期 LIFE CYCLE」大項下的四類報表：

- 「客戶開發 Acquisition」
- 「參與 Engagement」
- 「營利 Monetization」
- 「回訪率 Retention」

報表設計基本反映了工具的邏輯，從以上的標準報表組合來看，GA 4 想要實現的工具價值就非常清楚了。只要回想一下我們熟悉的「購買漏斗」模型，就會發現這四類報表，正好符合了購買漏斗中的四個主要階段。所以，GA 4 的核心框架，就是依循交易進行經過的各階段所搭建的。

但是，網站的種類有千百種，如果不是交易類型的網站，在使用 GA 4 的時候，一定要很清楚本身的商業流程與分析邏輯，自行將報表與數據解構再重組，與實況融合，而不是一味的跟著 GA 4 的邏輯走。

「購買漏斗」的頂層，「觸及潛在客戶，建立產品與品牌認知」屬於廣義的行銷行為，一般來說，不在 GA 的管區之內。但是，只要客戶按下連結，進入網站，到了購買漏斗第二層，就產生了數位接觸。從這一刻開始，以下的所有足跡，都可以透過 GA 全方位的追蹤分析。所以，GA 的存在雖然不是行銷的主體，但與行銷作為嚴絲合縫，如果運用得當，可以做到即時監控、即時反饋，在數位行銷的商業戰場上，扮演長程預警機和火控雷達的角色。

圖二、購買漏斗

3-2 「流量開發」報表概觀

3-2-1 開啟「流量開發」報表

如果計算報表的數量，GA 4 預設的標準報表要比通用版 GA 少很多，但複雜度可能猶有過之。為了能讓大家快速掌握必要的知識與操作能力，我們不打算用流水帳的方式一一介紹各種報表，而會以特定的報表，深入解析，儘可能瞭解透徹後，再延伸概念，擴及其它報表。

本節我們首先來解析 GA 示範帳戶中的「流量開發」報表，進入 GA 4 資源的報表區，從左方的功能選單中，選擇「客戶開發 > 流量開發」，就可以開啟這張報表。

在「客戶開發」項下，另外還有兩個選項「總覽」及「使用者開發」。

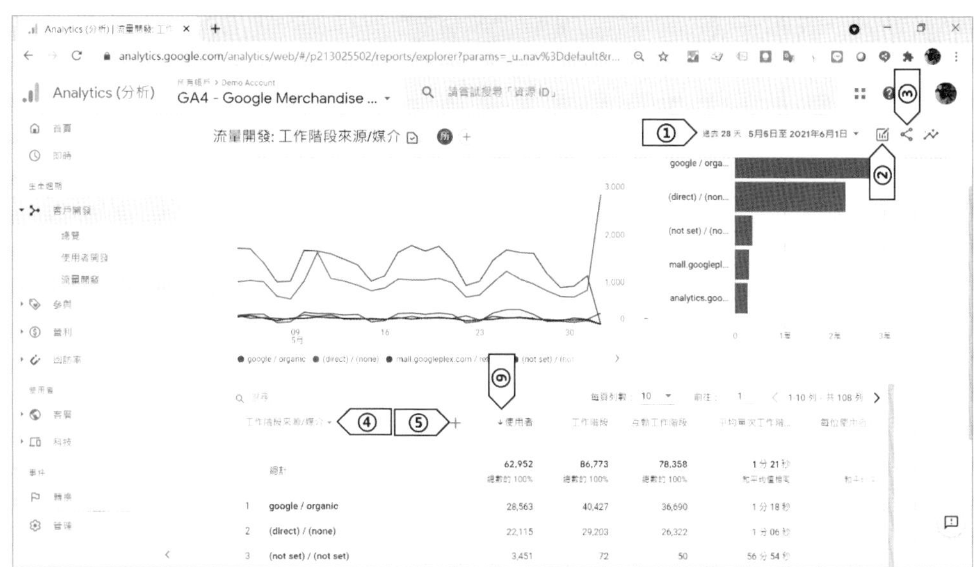

圖三、「流量開發」報表

3-2-2 頁面共同功能

在深入「流量開發」報表之前，先來介紹一下每一份報表都有的頁面共同功能。以下說明均請參考圖三。

標籤 ① 是「日期時段設定」，在 GA 4 中的選擇，比通用版 GA 要靈活，增加了不少動態時段的選項。也增加了通用版 GA 在報表內沒有的選項「28 天」。這個選項的目的，可以在兩時段對比時，將星期幾對齊，這是我們在快速偵測異常時，常用的方法。

但要特別注意資料保留期限，在通用版 GA 中，資料保留的時段可以選擇 14 個月、26 個月、38 個月、50 個月，以及「不會自動過期」，也就是永久保留的意思。

但在 GA 4，預設的資料保存期只有 2 個月，不符合大部分商業使用的實際需求。想要延長，也只有另一個選項「14 個月」。建議大家一開始，就先將資料保存期設定延長，以避免意外。

調整保存期限的位置，在「GA 管理區 > GA 4 資源 > 資料設定 > 資料保留」。如果實務上，有超過 14 的月的資料回溯需求時，就要自己安排定期將數據離線儲存了。

標籤 ② 是「編輯比較項目」，功能很類似通用版 GA 的「區隔 Segment」。區隔相當於資料庫的「查詢」功能，是彈性應用數據最重要的基本手段。所以在通用版 GA 中，我們非常重視「區隔」的使用。

在 GA 4 標準報表中，點擊「編輯比較項目」，再按「新增比較項目」，就可以開啟「構建比較項目」視窗 (參見圖四)，開始設定比較項目。

構建完成的項目，就會出現在左方的比較項目標籤中。最多可以同時比較五組項目。也可以在標籤列點擊「新增比較項目 +」，直接開啟「構建比較項目」視窗。

這個功能目前看起來尚未發展完整，主要的問題有幾項，第一是只能選擇維度當作比較項目，而無法設定指標條件。這在實際回應商業問題時，是一個缺失。

第二是在「建構比較項目」的視窗下方，還有一個選項「探索」，點擊後，會開啟左邊主功能選單中，「探索」項下，另一個比較完整的區隔設定介面。

「探索」是一個強大的智慧型視覺化工具組，以往只有在付費版 GA 360 中才有的，現在慷慨大放送，竟然出現在免費的 GA 4 中，令人喜出望外。不過，目前整合也還沒有調整好，例如，在「探索」中的區隔設定項目中，雖然有列出「指標」，可是內容卻仍然是空白；還有，到「探索」中設定完成的區隔，並不能在頁面的「比較項目」中選用，這些小問題表示這個功能仍在裝修中，大家可能還要耐心的等待一陣子。好在依我們長年觀察 GA 的產品性格，像「區隔」這樣重要的基本功能，分分秒秒都可能有所改善，說不定看到本書時，這些問題都已經修正更新了，大家可以拭目以待。

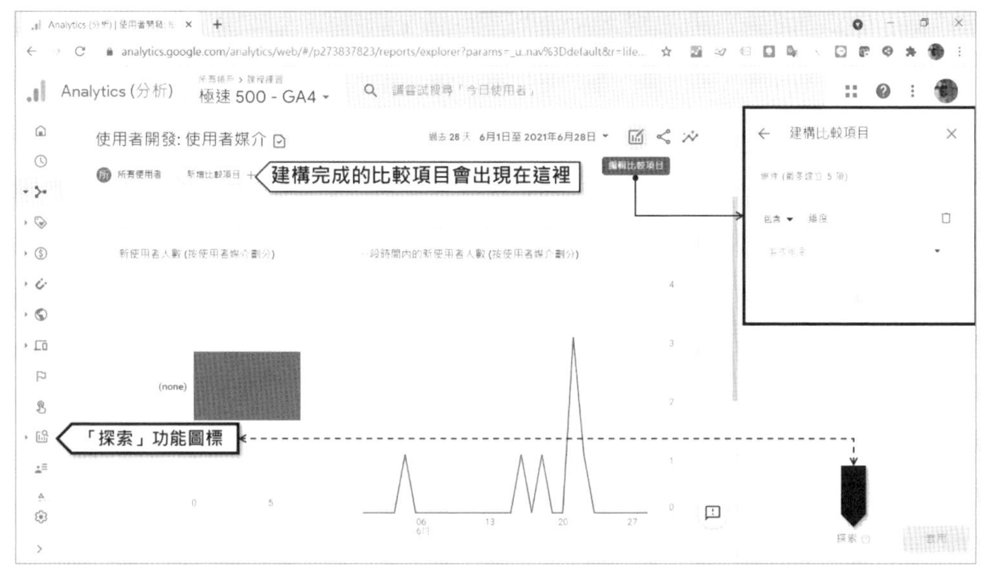

圖四、建構比較項目（此為舊版介面，新版圖標與位置略有不同）

標籤 ③ 是「分享這份報表」，其中包含了「分享連結」和「下載檔案」兩種。相較於其它成熟的數據工具，這個功能目前看起來也是比較簡單的。

其中，「分享連結」具有基本的安全控管機制，收到連結者，需要有同一報表的最低檢視權限才能開啟，否則仍然看不到分享的內容。

下載功能目前提供兩種格式，一種是 PDF，一種是 CSV。PDF 只是文檔，用途比較有限。CSV 是數據的基礎格式，可以和所有數據工具或程式語言交換，應用上幾乎沒有限制。但要注意，目前 GA 4 以 CSV 格式下載的檔案，中文是 UTF-8 編碼，而 Excel 預設編碼是 BIG-5，所以，如果直接用 Excel 開啟下載的 CSV 檔案，會看到亂碼。

處理的方式不只一種，我們可以用記事本開啟原檔，然後另存新檔。另存時，拉開下方「編碼」欄，將編碼改選為「具有 BOM 的 UTF-8」，儲存後，就可以用 Excel 開啟新檔了。但這並不是我們建議的方式。

對於使用 Excel 處理 GA 4 匯出的數據，因為編碼不同，造成中文亂碼的問題，我們建議直接使用 Excel 的「資料」功能匯入數據。在 Excel 上方功能區，選擇「資料」 > 「從文字 /CSV」，選擇要匯入的檔案，開啟預覽畫面，此時如果中文出現亂碼，就到上方的編碼區，將編碼改為 UTF-8，再依說明執行後續的步驟，就可以正確載入數據了。

Excel 的「資料」功能，前身是外掛元件 Power Query。自 2016 版開始，才內建為「資料」功能，如果找不到這個功能，則需要檢查使用的 Excel 版本是否支援這個功能。

使用 GA 系列工具時，無論是進階分析，或是與其它資料源整合，匯出數據都是很關鍵的程序。商業人員自己動手，就可以從頁面直接將數據匯出，以手動或半自動的方式，處理日常分析工作。如果未來，企業應用數據的成熟度提高，需要即時、大量處理更複雜的數據程序時，再請 IT 人員介入，建立系統化的流程，並且要把資安問題也納入考慮。

GA 4 另一個讓人驚豔之處，就是 Big Query 連結，將收集到的數據在雲端同步儲存，過去也是付費版 GA 360 才有的高階功能，如今免費版也可以使用了。但使用起來技術門檻較高，可能需要 IT 人員的幫助。所以在本書中，不會介紹細節，但商業端的使用者或決策者，要知道 GA 4 的這個功能。未來，在定義商業問題，或是規劃分析策略時，不要忘了這一個可以運用的資源。

標籤 ④ 標示的功能箭頭，可以拉選其它相關的流量維度，選項有來源、媒介、廣告活動，還有就是 Google Ads 相關的一些流量來源維度。

標籤 ⑤ 標示的「+」符號，可以開啟次要維度。次要維度也是一個極為重要的功能，如果用商業語言來解釋，就是「你還想知道什麼？」這個功能與通用版 GA 的次要維度幾無二致，但在內容選項上，預設的維度比較少，功能比較侷限。

此外，在實際執行時，我們問到「你還想知道什麼？」通常都是針對主維度中的單一維度值。如果對所有的主維度值全面展開，變成一個龐大的二維無格式資料表 (Flat Table)，在分析上是沒有意義的。

通用版 GA 的標準報表是「多層檢視」架構，我們只要點擊主維度中的任何一項，就可以單選此項。然後再展開次要維度，方便且精準的回答我們的商業問題。但是 GA 4 的標準報表，沒有「多層檢視」的設計，無法直接單選主維度的維度值，執行次要維度分析。使用起來，比較不方便。但還是有變通的方法，就是使用報表左上方的搜尋框，先搜尋出單一項目後，再執行次要維度分析，就可以達到相同分析單項主維度值的目的。

標籤 ⑥ 標示的向下箭頭，表示目前表格是依此欄位遞減排序。點擊箭頭，方向就會改變，可以切換「遞減」與「遞增」。如果點擊其它欄位的標頭位置，箭頭就會出現在點擊的欄位，改依此欄排序。

3-3 「流量開發」報表深入導讀

3-3-1 主要維度

開啟「流量開發」報表後，預設以「來源 / 媒介」為主要維度。基本上，系統會以通用版 GA 相同的原則，來判斷流量的「來源」與「媒介」兩個維度。但如果沒有自訂「廣告活動」，GA 4 會把「媒介」維度值，套用到「廣告活動」，所以「媒介」與「廣告活動」的內容會相同。

GA 4 同樣接受自訂廣告活動，原本只限於「utm_source」、「utm_medium」、以及「utm_campaign」三個參數。2021 年 7 月開始，已經可以收錄五個 utm 參數，詳情請參閱本書第十三章。

但目前，GA 4 中並沒有「utm_content」的對應維度「廣告內容」，所以這個參數沒有作用，日後是否會加入，我們就只好靜觀其變了。

自訂廣告活動的五個參數中，還有一個「utm_term」，本來我們就建議不要使用，所以 GA 4 是否接受其參數值就無關緊要了。

3-3-2 預設的指標組合

通用版 GA 是以報表的主維度做為報表名稱，但 GA 4 採用了不一樣的命名原則，改用功能敘述為報表命名。

從內容來看，「流量開發 (Traffic Acquisition) 」報表，和通用版 GA 的「來源 / 媒介」報表有點類似，但其中個別指標的取捨與定義，則有較大的差異。

下表列出「流量開發」報表中的十個指標，並且加以分類，這樣比較能看出報表的整體結構：

流量成績類	流量品質類	流量貢獻類
使用者 Users	互動工作階段 Engaged sessions	轉換 Conversions
工作階段 Sessions	平均單次工作階段參與時間 Average engagement time per session	總收益 Total revenue
事件計數 Event count	每位使用者互動工作階段 Engaged sessions per user	
	每個工作階段的活動 Events per session	
	參與度 Engagement rate	

表一、「流量開發」報表預設指標分類

在這一張報表中，如果大家只是盯著這十個指標下面，密密麻麻的數據，是很難看出設計者用來解構流量的企圖與邏輯。但是我們把流量依三個層次分類以後，脈絡就浮現出來了：首先，當然就是基本成績，也就是流量的多與少；其次，是流量的品質，要看流量的好與壞；最終，還要穿透外貌，挖掘出流量對企業帶來的實質貢獻。

大家如果對財務報表熟悉的話，應該可以感覺出來，這樣的分層解構，和「損益表」中，透過營收、毛利、營業利益、淨利等階段，從營收成績開始，逐步下探營收的品質，與營收的終極貢獻，其背後的分析邏輯是極為類似的。

經過這樣的分層以後，我們其實可以用一句話，來說明這張報表的本質，就是：檢視不同來源所帶來的流量，比較其基本成績、品質、與貢獻。

從分析策略的層次來看，通用版 GA 的「來源 / 媒介」報表也可以套用相同的視角，但是，選用的指標與指標的技術定義，兩者就有相當大的差別。以下各節，我們就來詳細說明 GA 4 中的基本指標。

3-4 使用者 (User)

3-4-1 「使用者」指標的定義、重要性與挑戰

「使用者」與其它工具中的「不重複訪客」、「唯一訪客」、「U.V.，Unique Visitors」都是一樣的，就是經過辨識以後，記錄到的「人數」，而不是「人次數」或「動作數」。

這個指標當然很重要，因為唯有將足跡依「人」歸戶以後，才能勾勒出行為，否則未經歸戶的訪客足跡，只是散裝的互動記錄，無法描繪出以人為核心的「行為」。

而要準確記錄「人數」，重點在「辨識」，如果沒有辦法辨識訪客是否為同一個人，那當然就計算不出人數來了。

但是，在數位的世界裡，辨識訪客並不是一件容易的事。不容易的原因，技術只佔小一部分，主要的阻礙來自於隱私權意識的日益高漲，以及法規政策的日益嚴苛。無論是消費者對於再行銷的無感，還是 GDPR、iOS 14 對使用 Cookie 的規範，這些趨勢與變化，都會讓「辨識及記錄訪客」變得越來越困難，這也是數位營銷人員未來不得不面對的挑戰。

3-4-2 GA 辨識訪客的基本方法

針對網站，長久以來，GA 就是使用第一方 Cookie，內存一組 CID，用來辨識訪客。這是很古老的技術，功能性並不強大，只能做到「揮發性的匿名歸戶」。

「揮發性」表示這一隻 Cookie 並非穩定長駐，用戶端既可以封鎖它，讓 GA 根本追蹤不到訪客；也可以隨時清除它，清除後，訪客再次來訪時，會被判定為新訪客。

「匿名」則是因為 CID 係隨機賦予的亂數，其中沒有附帶任何與訪客真實身分相關的訊息，所以只能判斷是否為同一人，而不能據以判斷訪客的任何特徵資料。

CID 在通用版 GA 和 GA 4 的「使用者多層檢視 User Explorer」報表中，都可以看到。但在 GA 示範帳戶中，這份報表都被移除了，所以要到其它帳戶下，才看得到這份報表。

如果進入 GA 示範帳戶以外的任何帳戶，在通用版 GA 中，選擇「目標對象 > 使用者多層檢視」；在 GA 4 中，選擇「探索 > 範本庫 > 使用者多層檢視」，就可以看到這份報表。

一個典型的 CID 結構大概是這樣：「2074794730.1615451034」，這一組 ID 其實分成兩部分，前半段 2074794730 是系統隨機賦予的 ID，後半段則是 UNIX 的時間戳記，將時間戳記透過轉換，可以顯示用戶端安裝這隻 Cookie 的精確系統時間。

CID 在 GA 4 的說明文件中，也叫作「裝置 ID (Device ID)」。如果針對 App，GA 4 則會存取裝置的廣告 ID，亦即 AAID (Android) 或是 IDFA (iOS)，當作辨識訪客的依據。

由於網站 CID 的揮發性特質，導致透過這種方式計算出來的使用者數，與真實人數有較大的落差。為了讓使用者數的計算能夠更為精準，從通用版 GA 開始，就導入了其它的辨識機制。而 GA 4 更因為跨平台歸戶的特性，對於辨識訪客的要求更高，所以整合了三個層次的訪客辨識機制，讓訪客辨識及歸戶，可以更精準有效。

3-4-3 GA 4 的完整訪客辨識機制

GA 4 目前可以整合下表中的三層技術，辨識訪客：

辨識機制	服務端程序	可辨識歸戶範圍
使用者 ID (User ID)	■ 以「使用者屬性」收集訪客登錄 ID (如果登錄 ID 為 PII，需經過加密處理)。 ■ 啟用功能：管理 > GA 4 資源 > 預設報表識別資訊 > 按 User ID 和裝置劃分	跨裝置辨識「完成登錄」的訪客
Google 信號 (Google Signal)	啟用功能：管理 > GA 4 資源 > 資料設定 > 資料收集 > 啟用 Google 信號資料收集	跨裝置辨識「開啟廣告個人化」的訪客
裝置 ID (Device ID)	無需設定與啟用	所有訪客，但無法跨裝置辨識，且受隱私權設定與清除瀏覽器影響。

表二、GA 4 用來辨識訪客的三層技術

上述的三種機制中，只有收集訪客登錄 ID，需要執行技術設定，透過 IT 人員的支援，才能完成。其餘的設定步驟，都可以由非技術人員依上表的說明，在 GA 管理介面完成。

實務上，大部分的服務系統，訪客登錄 ID 都採用 E-Mail，而 E-Mail 屬於「可分辨客戶真實身分的資訊 (PII，Personally Identifiable Information)」，根據 GA 的規定，PII 是不允許收集並傳送到 GA 的。但有變通的規定，只要將 PII 經過適當強度的加密後，是可以收集並傳送至 GA 的。

GA 4 會從上而下，自動依序判斷使用者 ID 是否啟用。如果沒有啟用，再檢查 Google 信號是否開啟。如果以上兩者都不作用，就回歸到最原始的裝置 ID。但這樣一來，跨裝置歸戶的關鍵功能，就無法實現了。

3-5 工作階段 (Sessions) 與互動工作階段 (Engaged Sessions)

3-5-1 工作階段的定義

GA 4 對於工作階段的定義，基本上和通用版 GA 相同，以閒置卅分鐘，沒有收到任何動作信號，視為工作階段的結束。從開啟網頁到結束，記錄工作階段一次。

但有一個基礎的差別，在通用版 GA 中，如果透過不同的流量來源到達網站，則會開啟一個新的工作階段，前一個工作階段視為結束。而 GA 4 則對於卅分鐘內，從不同流量來源到達的造訪，都視為同一個工作階段。因此，如果要比對數據時，這兩個工具所記錄的工作階段數，很可能會有明顯的差距。

3-5-2 網頁停留時間

GA 4 計算網頁停留時間，採用了新的技術，也和通用版 GA 完全不同。而這個新方法計算出來的停留時間，又應用在好幾個衍生指標上。其中最關鍵的指標，就是新增了「參與度」，我們在下一個小節中來介紹參與度，現在先來解釋 GA 4 計算網頁停留時間的方法。

先倒帶回憶一下，在通用版 GA 中，是以開啟網頁的時間當作「到達時間」，開啟下一頁的時間當作「離開時間」。「離開時間」減去「到達時間」，就是在這個網頁停留的時間。這樣的計算方式，簡單粗放，與實況落差較大。最關鍵的盲點，就是工作階段的最後一頁停留時間列計為零。

GA 4 則在訪客端安插了背景程式，對於 App，計算畫面在前景的時間；對於網站，計算網頁在焦點狀態，也就是在螢幕顯示狀態的時間，當作訪客停留在這一個網頁的時間。

3-5-3 互動工作階段

採用以上的新方法，可以較為敏感的計算網頁停留時間以後，GA 4 導入了一個新的概念，叫做「互動工作階段」。

互動工作階段，顧名思義，就是訪客與網站有互動的工作階段。但是，要執行量化分析，僅有概念是不夠的。所以還必需對「互動 (Engaged)」，有一個明確的技術定義。

GA 4 對於這一個新概念「互動」訂定的技術定義，是至少要滿足以下三者的其中一項：

- 網頁停留時間合計超過 10 秒 (無論瀏覽一頁或多頁)
- 瀏覽超過一頁
- 觸動轉換事件

只要滿足了以上條件之一，這次到訪就被計為「互動」的工作階段。

3-5-4 相關衍生指標

- 平均單次工作階段參與時間

將所有網頁停留時間加總除以工作階段數得到的衍生指標。

- 每位使用者互動工作階段

  將互動工作階段數除以使用者數得到的衍生指標。

以上這兩個指標，分別顯示了不同來源帶來的的流量，「是否對網站有興趣」以及「訪客是否會回訪」。如果轉化為策略語言，可以概略解讀為「高品質的流量」以及「正確的受眾」這兩個商業目標的達成強度。

3-6 解構「參與度 (Engagement Rate)」

3-6-1 參與度的定義

「參與度」是 GA 4 新增的指標，也是一個非常關鍵，但充滿爭議的指標。在深入探討之前，先解釋一下「參與度」的定義：

參與度 = 互動工作階段數 / (總) 工作階段數

數值以百分比表示，範圍在 0 (0%) 與 1 (100%) 之間。看起來，是不是點眼熟？

3-6-2 消失的跳出率 (Bounce Rate)

大家是不是聯想到 GA 另一個也是在 0 與 1 之間的關鍵指標「跳出率」？

GA 大神 Avinash Kaushik 是跳出率的堅定擁護者，他曾經說過：「跳出率是史上最性感的指標 (Bounce rate is the sexiest metric ever)」。而長久以來，一般用戶無論是否真正瞭解跳出率，也無論是否真正根據跳出率來制定過商業決策，但在檢視 GA 報表的時候，免不了都會對這一個非常顯眼的指標瞄上一眼，並且產生一些直觀的反應。

如今，打開 GA 4 的報表，卻發現跳出率不見了，到網路上繞一圈會看到許多人對此甚為焦慮，也有很多人立即跟風，開始解釋為什麼 GA 4 放棄跳出率以及這個決定的正當性。

消失的跳出率，這究竟改變了些什麼？

GA 4 捨棄了跳出率，卻導入了「參與度」，其實如果我們真的瞭解了指標背後的商業意涵，那麼這個改變，只是換了一個角度來說故事，而究其本質，說的仍然是同一個故事。

3-6-3 「跳出率」在說什麼？

跳出率的技術定義，大家應該都耳熟能詳了：訪客到訪，沒有任何互動就離開，視為跳出的工作階段。跳出的工作階段在總工作階段數中的佔比，就是跳出率。

但是，你真的瞭解跳出率嗎？跳出率的商業意義，簡單講就是「辨識出無效的流量」。

深入一點來說，如果以「流量來源」區分，可以透過跳出率，比較出哪些來源比較有效，哪些來源比較無效。如果以「到達網頁」來區分，更可以透過跳出率判斷把流量帶到哪些頁面的效果比較好，帶到哪些頁面的效果比較差。當然，也可以用以上兩種維度來交叉分析，比較看看，不同流量來源帶到不同網頁的效度。

3-6-4 「參與度」在說什麼？

根據參與度的定義，其實它想說的故事和跳出率完全一樣，也是要辨識出流量的效度，只是方向從「無效流量」變成反向「有效流量」而已。

所以，不管是跳出率也好，參與度也罷，回應的商業需求其實都是一樣的，就是將流量區分為有效與無效，進而可以強化優質流量，檢討劣質流量，以避免資源浪費。

3-6-5 「跳出率」vs.「參與度」

首先要確定的是，「跳出率」與「參與度」並不是互為補數，「參與度」不等於 1 減去「跳出率」。

對於一個指標，要判斷其效度，除了「陽性」準確率以外，「陰性」的準確率同樣重要。我們在這裡先科普一下數據語言，幫助沒有統計分析背景的讀者，可以更準確的掌握數字背後的商業情境。

從 2020 年起，由於新冠疫情肆虐，快篩、普篩成為熱門話題，討論時經常會用到「偽陰 (False Negative)」、「偽陽 (False Positive)」等統計術語，大家應該都已耳熟。但何者為「陰」，何者為「陽」？其實，在分析的世界裡，陰與陽，或負例與正例的標籤，完全沒有「好」與「壞」的價值判斷成分，而是以分析關注項為「陽」，反之則為「陰」。

所以，當我們用「跳出」這個現象，來辨識流量效度時，關注項就是「跳出」，所以「跳出」為「陽」，「非跳出」為「陰」。

而當我們用「參與」這個現象，來辨識流量效度時，關注項是「參與」，所以「參與」為「陽」，「非參與」為「陰」。以下我們來探討「跳出率」與「參與度」的效度，標記「陰」、「陽」，均以此為準。

3-6-6 「跳出率」的效度

由於「跳出」的定義為「沒有任何互動就離開」，用來判斷無效流量，這個標準其實滿嚴格的，所以在實務上，只要被判斷為「跳出」，確實無效的準確度滿高的。換句話說，用「跳出率」來偵測無效流量，其「陽性」為真的機率很高。

但在此同時，判斷為「非跳出」的流量，是不是真的為「有效流量」，就不太有把握了。

前面說過，利用「跳出」來辨識無效流量，「標準」滿嚴格的。「標準」也就是「臨界值」，或稱之為「閾值 (Threshold)」。閾值訂得高，準確度高，但敏感度就比較低，沒有被偵測出來的漏網之魚可能不在少數。用數據語言來說，就是「偽陰性」可能偏高。

所以在判讀「跳出率」的時候，我們都會建議大家，對於「非跳出」的工作階段，還要再「區隔」出來，與實況比對，驗證其是否真的為「有效流量」。否則，在「偽陰性」居高的情況下，我們如果只是單純採取行銷手段強力降低跳出率，最後只會增加更多不滿意的客戶，對於營運，不見得會帶來實效。

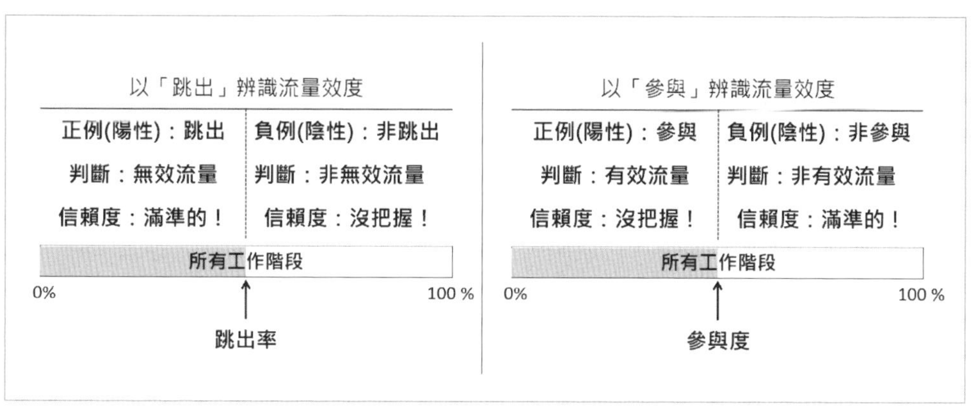

圖五、以「跳出」與「參與」辨識流量效度

3-6-7 「參與度」的效度

定義工作階段為「參與」的三個條件中，「瀏覽超過一頁」和通用版 GA 對「跳出」的定義「只看一頁就離開」為互補條件。但是，另外兩個條件，「觸動轉換事件」和「停留時間超過 10 秒」，與「跳出率」的關聯性就不大了，這也是「參與度」與「跳出率」並不是互為補數的原因。

實務上，用「停留時間超過 10 秒」當作「參與」的標準，判為「有效流量」，標準可能太寬鬆了。用數據語言來說，當我們判斷為陽性，也就是「參與」的時候，由於標準太寬鬆，確實為有效流量的準確度，就比較堪慮。換句話說，「偽陽性」可能很高。

從另一頭來看，當我們用這麼寬鬆的標準，都無法認定其為有效，而判為陰性，也就是「非參與」的時候，那麼這些流量真的是無效流量的概率就很高了。換句話說，「偽陰性」不會太高。

所以，如果使用「參與度」來分辨流量是否有效的時候，對於「高參與度」的工作階段，絕不能就此滿足，視為有效流量，一定還要再反覆校正，用更多的條件，持續深入分析。

從目前所看到的實況來說，GA 4 示範帳戶報表中的「參與度」普遍偏高，數值基本上都在 80 % 左右的水準，如果要將如此高比例的「參與工作階段」，都解讀為「有效的流量」，顯然悖離常識，所以到目前為止，我們對於使用「參與度」這個指標的態度，還是非常保留的。好在還有平行運作的通用版 GA，並不需要立即拋棄「跳出率」，大家還有餘裕去觀察、驗證、調整、校準對於工具與數據的應用策略。

GA 4 在應用層的很多設計，並不一定就代表先進與高級。「參與度」就是一個很好的例子，如果想要用來分辨流量的有效與否，尚不能取代「跳出率」。此刻要說 GA 已經放棄了過時的「跳出率」，採取了更先進的指標「參與度」，還略顯牽強。我們合理的推測，未來 GA 還會對「參與度」不斷的調整與優化，甚或哪天在 GA 4 又看到跳出率，大家也不要太驚訝。畢竟，「求變」才是 GA 的本色，而對於使用 GA 的我們來說，配合商業實況，靈活調配，找出最實際有效的用法，才是正道。

3-7 那些和「事件 (Events)」相關的事

3-7-1 GA 4 的事件革命

GA 4 與通用版 GA，在基礎結構上最大的不同，可以歸結為兩點：

第一點是 GA 4 在單一資源下，增加了資料串流層，因而可以用一個資源，收錄多個異質的數據來源，達到跨平台整合分析的目的。這一部分在前面建立環境時，已經說明過，比較容易理解。

第二點就是 GA 4 徹底改變了訪客互動的記錄格式，進而也影響了分析模型。而這個變化，就是從「事件」開始，但因為牽涉到底層的數據模型，複雜度比較高，很難用三言兩語講清楚，所以在本章中，先概略介紹在標準報表中出現的幾個事件相關指標，後面再用專章，來詳細解釋事件的眉眉角角，並儘可能透過實作，將一些繁瑣的程序以及抽象的概念，轉化為可理解的應用程序。

3-7-2 「事件計數」與「轉換」

在 GA 4 中，每一個事件有一個唯一名稱，這比起通用版 GA 中，用三個維度的組合，來標示特定事件，是一個重大的改進，使用起來方便不少。

事件本身，就是一個維度的概念，其中的各個事件名稱，就是維度值。而計算事件發生的次數，就是一個數值型的指標。

在「流量開發」報表中，「事件計數」就是一個計算事件觸發次數的指標欄。預設顯示所有事件觸發次數的加總。但因為事件的性質，差異太大，把不同事件觸發次數加總起來，其實是沒有任何意義的。所以在「事件計數」標頭下，有一個向下箭頭，可以打開拉選框，選擇單一事件。檢視特定事件的觸發次數，才有分析的價值。

在 GA 4 中的事件，可以自訂是否為「轉換」，轉換的意思，有點類似通用版 GA 的「目標」，但彈性更大，我們在各階段以「事件」追蹤各種訪客互動，然後，就可以把其中比較重要的，設為「轉換」事件。

在「流量開發」報表中的「轉換」欄也是事件觸發次數，但僅包含了設為「轉換」的事件。所以，是「事件計數」的子集，同一個「轉換事件」在「事件計數」欄和「轉換」欄中，都可以拉選出來 (參見圖六)。

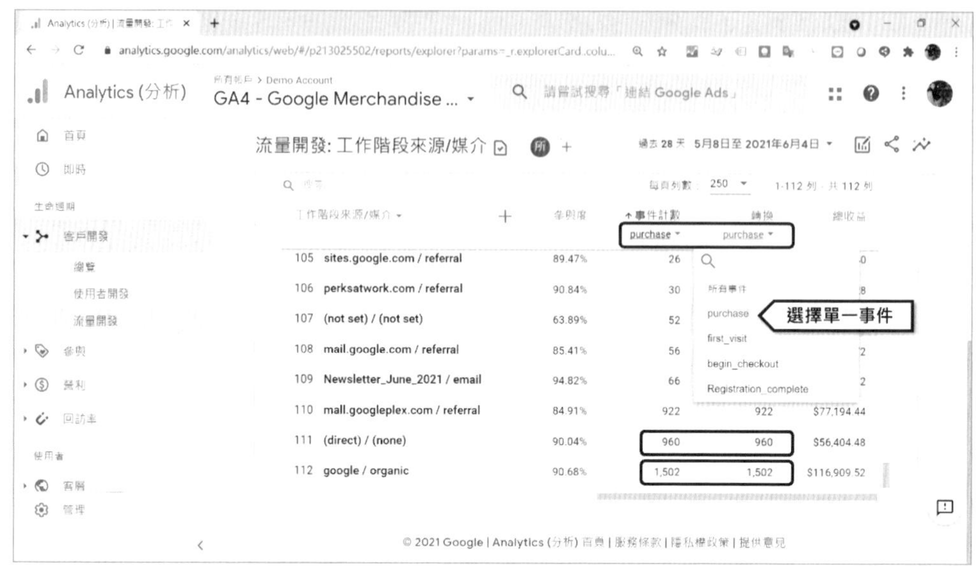

圖六、「事件計數」與「轉換」

3-7-3 其它事件相關指標

「流量開發」報表中，還有兩個指標欄是與事件相關的。一個是「每個工作階段的活動」，另一個是「總收益」。

「每個工作間段的活動」也是衍生指標，就是將「所有事件總數」，除以「工作階段總數」，所得到的值。在 GA 4 中，「活動」與「事件」，原文一樣，都是 「Event」，只是翻譯不同，後面還會碰到多處這樣名詞不統一的小混淆，大家要習慣。

「總收益」則是電子商務中，value 這個參數所記錄的交易金額加總。

如果我們在「事件計數」中選擇了單一事件，或是在「轉換」中選擇單一轉換事件，上述兩個指標欄，「每個工作階段的活動」與「總收益」，數值不會改變，顯示的仍然是原本的總數。在這裡，選擇單一事件，只是改變本欄的顯示指標值，並不會對其它欄位產生篩選的效果。

3-8 「使用者開發」報表

3-8-1 指標說明

在「客戶開發」階段，還有「總覽」與「使用者開發」兩份報表。接下來我們來檢視「使用者開發」報表，這份報表的指標欄，與「流量開發」概略相同，主要差別在於：

- 以「新使用者」取代「使用者」
- 沒有「工作階段」與「每個工作階段的活動 (Events per session)」，但這兩個指標，都可以用這張報表中的其它指標推算出來，所以從數據的角度來說，資料範圍沒有差別。

因此，判讀這份報表的數據，應該沒有太大的問題。

3-8-2 特殊的「使用者來源」相關維度

在前面的「流量開發」報表中，我們沿用通用版 GA 的習慣，以「來源」、「媒介」、「廣告活動」來說明主要維度。但實際上在報表中，我們看到的維度，前面還加綴了「工作階段」字樣，例如：「工作階段來源」、「工作階段媒介」等等。

由於工作階段是造訪的基本單位，一個工作階段自然和一個流量來源相連結，所以我們不提「工作階段」前綴詞，也不會造成誤解。但是，進入這一份「使用者開發」的報表，雖然指標和「流量開發」報表大同小異，但是主維度卻是「使用者來源」、「使用者媒介」、「使用者廣告活動」，名稱不同，顯然有不同的定義，如果不加以釐清，就很容易誤判。

3-8-3 「使用者來源」維度的定義

根據 GA 4 的官方文件，「使用者來源」的定義是「最初招攬到使用者的來源 Source by which the user was first acquired」，由於「最初招攬 first acquired」的意涵，在中文維度名稱「使用者來源」中，雖有隱含，但並未明示，所以一定要釐清，才能瞭解這份報表的真正結構。

明確的說，這份報表，只包含了「在報表時段範圍內，初次到訪的訪客」的所有訪問記錄。

用實例來說明，如果有一位訪客在報表時段範圍之前，就曾經來訪過，那麼這位訪客的所有記錄，都不會納入此份報表。而如果有一位訪客，在報表時段內初次來訪，則他在報表時段內所有的造訪記錄，都會納入。主維度「使用者來源」和第一欄指標「新使用者」的配合，呈現的是「(在報表時段範圍內) 從這個來源第一次到訪的人數」。

其它「使用者媒介」、「使用者廣告活動」，也是相同的概念，就不再贅述了。

正確理解了「使用者」與「工作階段」來源的差異以後，解讀這張報表，就不成問題了。

3-9 「精準行銷」的趨勢

過去十幾年，在蓬勃發展的數位服務平台上，廣告商順理成章的透過數位足跡，去辨識訪客並記錄訪客的一舉一動，然後發展出所謂的「精準行銷」，收到高效的行銷紅利。但這樣的好日子，已經隨著消費者隱私權意識的高漲，而一去不返了。

前有歐盟 GDPR 的壓迫，後有產業巨擘 Apple 的跟進出擊，2017 年 Safari 封鎖第三方 Cookie，迫使 Google 在極短時間內推出可以夾帶 Google

Ads 代碼的全域版代碼。2020 年 iOS 14 正式亮相，則更進一步將第一方 Cookie 的壽期，由 28 天縮短到 7 天，直接的影響，就是七天前來過的訪客，再訪時就會被認為是新訪客。而將 IDFA 預設為關閉，甚至逼得臉書在紐時刊登廣告對嗆。

這種種的發展最後會走到哪一步我們無法預測，但身為數位行銷人員，大家一定要知道的幾個趨勢：

- 自己與忠誠用戶的連結，所收集到的第一方資訊，越來越重要。
- 分析工具中，與使用者相關的數據，準確度越來越差。
- 客戶搶回主動權，偏向自主搜尋。企業提升品牌力、產品力、行銷素材說服力的努力，刻不容緩。
- 訪客訊息破碎化，所以將分段資訊整合起來的能力，越來越重要。

這個領域的變化，目前正在進行中，內容日新月異，令人目不暇給，如果繼續往下展開，可能需要另寫一本專書，但那就跑題太遠了，所以就此打住。但是，建議目前身在行銷戰線的朋友，無論有無興趣，都需要密切關注相關技術與環境的發展，因為，我們唯一可以確定的一點，就是明天的世界，一定和今天大不相同了。

Chapter

4

事件 Events

4-1 從 GA 到 GA 4

從通用版 GA 到 GA 4，除了在應用層面，大家看得到的各種改變之外，底層基礎數據結構，才是真正讓兩種工具分道揚鑣的關鍵。而數據結構的差異，最直接的體現，就是「事件」。事件的原文是 Events，在 GA 的文件與操作介面中，也有多處翻譯為「活動」，其實指的就是「事件」。

前面三章中，我們概略介紹了 GA 4 的環境與標準報表架構，從這一章開始，就要進入深水區，我們會用比較多的篇幅，詳細介紹 GA 4 事件的原理，然後導入 Google 代碼管理工具 (GTM，Google Tag Manager)，建立可以自主設定事件的環境，再藉由案例實作，將 GA 4 中與事件相關的進階功能走過一遍。

如果是執行階層的讀者，這是一個可以讓你快速建立正確、完整基本觀念的過程，未來，在這一個穩固的基礎上，要深入精進，比較能夠得心應手。

而管理階層的讀者，未來可能不需要自己動手執行設定，但也建議你們可以跟著本書的實作程序，通讀一遍。因為事件的複雜度較高，即便將來無需親自動手，但透過實作建立的理解，對於負責定義商業問題、制定分析策略、架構數據生態系、或是調配人力資源的資深人員，也都會有極大的幫助。

4-1-1 事件定位的改變

如果給「事件」下一個最簡單的定義，就是記錄訪客互動的資料形式。

在通用版 GA 中，預設是沒有任何事件的。安裝好追蹤碼以後，只會追蹤訪客瀏覽頁面的動作，但除此之外，不會記錄其它任何訪客與網頁的互動。如果想要記錄其它的任何互動，就需要安裝額外的追蹤碼。當初會這樣設計，可能是因為當時的網頁比較簡單，瀏覽頁面又是最主要的互動型態，為了讓大家使用 GA 更方便，所以就將「瀏覽網頁」特殊化，成為預設的追蹤動作，而將追蹤其它動作的設定，交給使用者自行處理。

但如果回到底層的技術邏輯，「瀏覽頁面」也是一種訪客互動，而 GA 4 就是採取這種回歸技術的觀點，將所有訪客互動，包含「網頁瀏覽」，都當作事件來處理。

在 GA 的官方文件中，有一張對照表，比較了通用版 GA 的點擊 (hit) 型態，與 GA 4 獲取數據的型式，非常有趣：

通用版 GA 的點擊 (hit) 型態	GA 4 獲取數據的形式
網頁瀏覽	事件
事件	事件
社交	事件
交易 / 電子商務	事件
使用者載入時間	事件
例外狀況	事件
應用程式 / 畫面瀏覽計算	事件

表一、通用版 GA 與 GA 4 的記錄訪客互動形式比較

看起來，很有一招走天下的意味，GA 4 這樣做的好處，當然是邏輯統一，但大家可能會好奇的是，這樣一來，是不是網站安裝了 GA 4 以後，還要手動將「網頁瀏覽」事件設定完成，才能開始收集數據？

但是，回想一下，在前面建置環境的章節中，我們透過全域版容器，將 GA 4 連結到網站以後，並沒有設定任何事件，只要再瀏覽一次網頁，到 GA 4 的即時報表中，立刻就看到訪客的動靜，這要怎麼解釋呢？

原來，雖然 GA 4 將所有訪客互動，都定義為「事件」，但延續過去 Firebase 的服務精神，系統會自動幫我們設定一些基礎的事件。這其中，就

包含了一個名為 page_view 的事件，完全不需要我們動手，只要安裝好 GA 4，就可以記錄瀏覽網頁的訪客互動。

4-1-2 通用版 GA 的事件結構

使用過通用版 GA 的讀者，大概都知道其事件是由三個維度，一個指標，和一個互動屬性所構成。我們在這裡倒帶複習一下，表列出通用版 GA 的事件結構，包含以下五個參數：

性質	名稱	說明
維度	事件類別 Category	必填
	事件動作 Action	必填
	事件標籤 Label	選填，以下皆同
指標	值	
非互動屬性	non-interaction	此屬性預設為 False，所以事件預設為互動

表二、通用版 GA 的事件結構

通用版 GA 的事件，並沒有一個獨立的名稱，而是用三個維度的組合，來標定或分組事件。由於沒有可以直接呼叫的名稱，使用起來，很容易混淆。所以在後期 GA 官方的指導文件中，都建議命名的時候，將「事件動作」設定為唯一值，其實就隱含了在實質上，將「事件動作」視為事件名稱的企圖。

此外，五個參數的限制，也讓事件的應用，缺乏彈性。但這是自 2005 年推出 GA 時，沿用至今的架構。在當時，可能是在環境限制下的妥協，但以現在的 IT 技術角度來看，不免有點過時。

4-1-3 GA 4 的事件結構

GA 4 採取了「事件導向」的觀點，對於事件結構的設計，則是採用簡單明瞭的基本邏輯，每一個事件有一個名稱，然後可以自訂最多廿五個參數。

參數可以是常數，也可以是變數；可以是文字，也可以是數字。其實某種程度，這種改變，也反映了資料庫技術的演進，從嚴格的格式化，到現在可以接受不定量，不定性的半結構化、乃至非結構化資料。

如果用程式語言來類比，低階語言是給高手用的，威力大，但不容易學習；而高階語言是給普通人用的，限制多，但好學好用。GA 4 這樣的設計，直接開放基礎數據框架，給使用者自訂內容與格式，比起通用版 GA 事件，算是低階語法，雖彈性大，但學習曲線就不免拉長了。

有一個很明顯的區別，在通用版 GA 中，前三個參數已經是名稱確定的維度，只要收集到數據，就可以在標準報表中拉選「類別」、「動作」、「標籤」等維度，直接檢視數據。也可以用這些既定維度，將數據匯出，離線處理。而「值」也是固定的指標，直接就可以檢視加總值。

但是，GA 4 讓我們自由的訂定參數，使用起來彈性很大，但問題是如果參數名稱與內容格式都是自訂的，GA 4 系統無法預知，自然不會在標準報表中預設可以檢視參數內容的維度或是指標。所以，如果希望在報表中，檢視參數收集到的數據，還要多一道手續，將文字格式的參數，自訂為維度；或是將數字格式的參數，自訂為指標以後，才能夠在報表中檢視。

所以，雖然使用 GA 4，一切互動都可以「事件」自訂以後，應用起來威力很大，幾乎可以為所欲為，但是，從定義商業問題開始，對於設計事件，決定需要收集的參數，以及最後要如何在報表中呈現與分析，都要事先想清楚。而這些過程，需要高密度的領域知識與策略思維來配合，不能丟給技術單位單獨處理。因此，商業端的人員，尤其是負責決策的高階人員，一定要對整個流程了然於胸，否則工具的應用彈性越大，反而讓使用者越無所適從，優勢變成了致命的缺點。

4-1-4　GA 4 事件類別

在 GA 4 中，將事件區分為以下四大類：

安裝責任	事件類別	說明
系統自動設定	自動事件 Automatically collected events	安裝好 GA 4 之後，系統就會自行設定完成的事件。大部分是針對 App 資源，但其中有三個是網站與 App 共用事件。
	加強型評估 Enhanced measurement	網站專有的六個事件，預設為開啟，其中五個事件，可以自行關閉，但 page_view 事件強制開啟，無法關閉。
使用者設定	建議事件 Recommended events	由使用者自行設定，但常用於零售、電商、職業、教育、地區優惠、房地產、旅遊、住宿、航空、遊戲等產業的事件，系統已經在報表中預設維度或指標，建議設定時，無論是事件或參數，均嚴格遵照預定的名稱，以便於在報表中直接檢視。
	自訂事件 Custom events	所有不符合以上範圍的事件，可以由使用者自由設定。

表三、GA 4 事件類別

4-2 GA 4 的「自動事件」

4-2-1　網站資源的「自動事件」

網站只要安裝完成 GA 4，就會自動設定以下三個事件：

- user_engagement
- session_start
- first_visit

我們如果用實例來驗證一下，各位可以打開 GA 報表，選擇我們之前安裝好的實驗網站，瀏覽網頁一次，回到 GA 4 的即時報表，在「事件計數」區，就可以看到有兩個自動事件被觸發了：

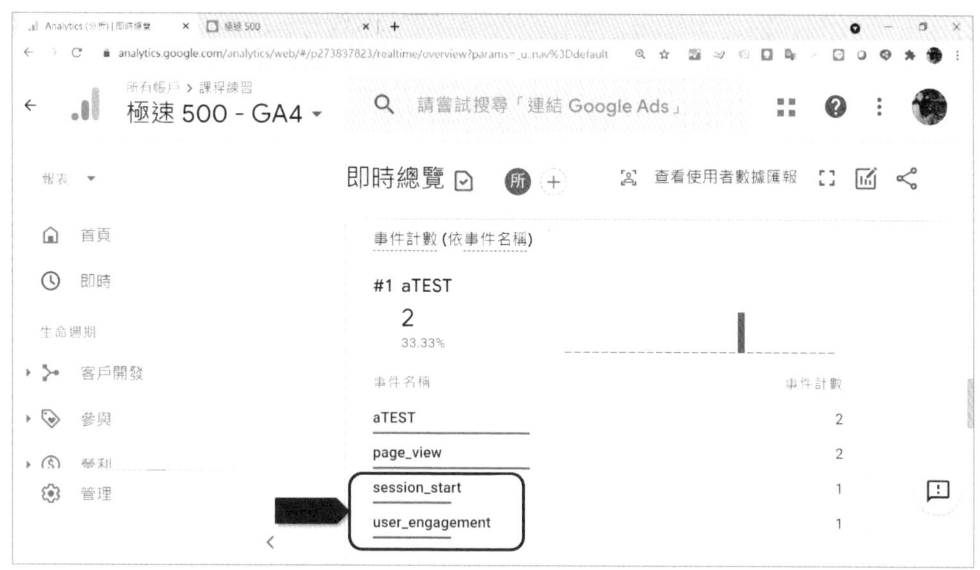

圖一、GA 4 自動事件

4-2-2 偵測工作階段開始的事件 –session_start

其中， session_start 只有在每個工作階段的第一次接觸，會被觸發。同一個工作階段中的後續動作，無論是換頁瀏覽，或是任何其它互動，都不會再次觸發這個事件。所以，計算這個事件的加總數，就等於工作階段數。大家可以到 GA 示範帳戶中，開啟上一章介紹過的「流量開發」報表，在「事件計數」欄，拉選事件「session_start」，驗證一下數字是否和「工作階段」數吻合。

由於 GA 示範帳戶中，流量比較大，如果檢視即時報表，很難確認哪一個事件是我們觸發的，所以完成以上的驗證後，再回到我們的實驗網站。

在即時報表的「事件計數區」，選定事件 session_start，點擊一下，就進入下一層「事件參數鍵」，可以看到這個事件所附帶的參數。選定參數，點擊一下，就進入最下層「事件參數值」，可以看到這個參數的所有內容。

4-2-3 偵測訪客參與的事件 –user_engagement

再來看看 user_engagement，這是一個很特殊的事件，每次開啟頁面，就會觸發一次。點擊這個事件，在它的參數中，找到「engagement_time_msec」，再點擊一下這個參數，進入「事件參數值」，可以看到這個參數會以千分之一秒 (msec) 為單位，記錄這個頁面的參與時間。

4-2-4 偵測新訪客的事件 –first_visit

還有一個自動事件 first_visit 沒有被觸發，因為這個事件，只有在新訪客初次到訪時的第一個互動，才會被觸發一次。而我們之前來過網誌多次，已經不是新訪客，所以不會觸發這個事件。要驗證也非常簡單，只要複製實驗網站的網址，打開瀏覽器的無痕模式，貼上連結，再開啟網頁一次，因為無痕模式不會保留 Cookie，每次開啟瀏覽器，CID 都會重新設定，訪客均以新訪客列記，所以這樣做之後，再回到 GA 4 即時報表的「事件計數」區，就會看到 first_visit 也被觸發了。

驗證以上各項動作時，我們會發現即時報表的反應時間，較通用版 GA 遲緩許多，經常要等到幾十秒，乃至一分鐘左右，才會看到反應，這也許是因為目前 GA 4 為新服務，環境資源還沒有調整到最佳狀況，對此，我們都無能為力，大家只好耐心等待了。

4-2-5 「自動事件」中的預設共同參數

另外，自動事件中的參數，也都是預先設定好的，每個事件所附帶收集的參數，容或有所不同，不過，以下這些預設參數，是每一個自動事件中都有的：

- language
- page_location
- page_referrer
- page_title
- screen_resolution

以上介紹的這三個自動事件，都是網站與 App 共用，但 App 還有很多獨有的自動事件。如果設定的是 App 資料串流，還會看到很多其它的自動事件。

4-3 GA 4 的「加強型評估」事件

4-3-1 「加強型評估」事件概述

我們從 GA 管理介面，選定帳戶，開啟實驗網站的 GA 4 資源，點擊「資料串流」，選擇清單中的網頁資料串流，就會開啟「網頁串流詳情」畫面 (參見圖二)，畫面中「正在評估」的三個「加強型評估」項目，點擊右方「還有三個」，就會顯示完整的六個「加強型評估」項目。這六個項目，預設都是在開啟狀態。點擊項目右方的齒輪圖標，打開編輯畫面，可以看到六個項目都有一個開關，可以自行關閉。

但其中，「網頁瀏覽 page_view」旁邊的開關是假的，無法關閉。所以我們只要安裝好 GA 4，無需做任何設定，可以看到「網頁瀏覽」的數據，就是由這一個加強型評估事件來的。這個結果，GA 4 和通用版 GA 完全一樣。

這些事件，大家都可以用實驗網站，自行測試。但有一些要注意的事項，說明如後。

圖二、GA 4 增強型評估

我們在管理介面上可以切換到中文，但在系統中，無論是呼叫、套用或是調整這些事件，都必須用事件標準名稱，也就是英文小寫以底線連結的事件名稱，如下表：

加強型評估事件	事件標準名稱
頁面瀏覽	page_view
旋捲	scroll
外連點擊	click
站內搜尋	view_search_results
影片參與	video_start
	video_progress
	video_complete
檔案下載	file_download

表四、GA 4 加強型評估事件標準名稱

4-3-2 「旋捲」事件

旋捲 (scroll) 是一個很重要的分析角度，尤其是對於一頁網站，或是長網頁，我們想要知道訪客的瀏覽深度，就需要設定旋捲事件來追蹤。

但是，加強型評估中的這個旋捲事件，旋捲深度固定設為 90 %，訪客一定要瀏覽到網頁底部，才會觸發這個事件，我們不能調整為其它的追蹤深度。而且，網站內所有網頁都會被納入追蹤。如果想要針對某些特定網頁，追蹤幾個不同旋捲深度，這個事件，就無法滿足我們的需求。

所以，實務上我們經常會停用這個項目，改用其它手段，自行設定旋捲事件。在後面的實作計畫中，我們以此為例，改用 GTM，執行只針對特定網頁，追蹤不同旋捲深度的事件設定。

4-3-3 「站內搜尋」事件

搜尋代表訪客主動表達他的需求，對網站經營者而言，準確知道訪客的需求，是極為重要的情報。站內搜尋就可以幫助我們收集訪客進站後的查詢字詞，所以，當然是一個重要的功能。

但要讓站內搜尋這個功能正常運作，需要事先檢查並可能要調整一些項目。我們就用實驗網站來說明這個任務。

Google 網誌中有內建站內搜尋功能，範例中，我們用查詢字「GA 4」，就可以找到所有包含「GA 4」的文章清單，這個清單稱為「搜尋結果頁面」。各位讀者在自己的實驗網站中，可以依實況，選擇最合適的查詢字執行站內搜尋。

執行站內搜尋後，就會觸發 view_search_results 事件，在即時報表的「事件計數」區中，可以看到這個事件出現。點擊這個事件，進入下一層，可以找到一個參數 search_term，再點擊這個參數，就可以看到查詢字「GA 4」成功被記錄下來了。

回到搜尋結果頁面 (參見圖二)，我們看到網址列中，有一個參數形式的註記「?q=GA+4」，其中的 q 就是查詢參數，GA+4 就是我輸入的查詢字。

圖三、實驗網站搜尋結果頁面

每一個網站的站內搜尋查詢參數，可能會不一樣，我們現在掌握了實驗網站的站內搜尋查詢參數為 q 以後，就要回到 GA 4 資源，確認這個參數是不是預設的查詢參數。

進入 GA 4 資源的「網頁串流詳情」視窗，點擊「加強型評估」項目右方的齒輪圖標，開啟編輯畫面。打開「站內搜尋」項下的「顯示進階設定」，就可以看到系統已經預設了「q、s、search、query、keyword」等查詢參數，如果確定網站的查詢參數，包含在以上的預設參數之內，那麼，不需要做任何調整，站內搜尋事件就可以正常運作。我們測試 Google 網誌的站內搜尋，查詢參數是 q，就屬於這種情況。所以只要執行站內搜尋，就可以在即時報表中看到事件被觸發了。

但如果發現網站的查詢參數，不在預設查詢參數之內，那麼就要在下方的「其他查詢參數」輸入框中，將實際網站查詢參數輸入，完成後，站內搜尋事件就可以正常運作了。

4-3-4 其它「加強型評估」事件

以上是加強型評估事件中，需要特別注意的幾個項目。其餘「外連點擊」、「影片參與」、「檔案下載」，都比較單純，讀者們可以自行建立測試需要的環境，體驗一下這些事件的反應，並看看附帶參數的項目與內容。經過實作驗證之後，對於加強型評估事件有了正確完整的認識，應用起來就可以輕鬆自如了。

4-4 GA 4 的「建議事件」

「建議事件」仍然要由使用者執行設定後，才能開始收集數據。但是，GA 4 事先已經針對特定產業的常用事件，設計了檢視與分析的框架。而要套用現有的分析框架，事件與參數的名稱必須相同，否則無法連結數據。因此，如果我們規劃的事件，根據其商業目的，可以在 GA 4 的建議事件清單中找到，那我們最好就依照清單上的建議來命名，而不要發揮創意，另闢蹊徑，創造出獨特的事件名稱。

GA 4 的建議事件清單很長，而且依產業還細分為通用、零售、電商、職業、教育、地區優惠、房地產、旅遊、住宿、航空、遊戲等類別，如果需要知道細節，請直接搜尋「GA 4 About Events」，找到同名標題的官方文件，內容最為準確。

以下列出部分電子商務的建議事件清單，目的不是為了提供完整的詳細資料，而是為了說明如何配合官方建議，來設定事件：

事件	觸發條件	參數
add_payment_info	使用者提交付款資訊時	coupon、currency、items、payment_type、value
add_shipping_info	使用者提交運送資訊時	coupon、currency、items、shipping_tier、value
add_to_cart	使用者將項目放進購物車時	currency、items、value
add_to_wishlist	使用者將項目新增至願望清單時	currency、items、value
begin_checkout	使用者開始結帳時	coupon、currency、items、value

表五、電子商務建議事件(部分)

在 GA 4 中，事件名稱統一為小寫英文字母，以底線連結成為單一字串的方式來命名。「觸發條件」則根據這個事件在商業流程中，需要追蹤的訪客互動來定義。如果我們想要追蹤的目標訪客互動，可以在建議事件清單中找到匹配的「觸發條件」，就以此項來為事件命名。事件附帶的參數，可以自行斟酌，如果與建議事件清單中的參數內容相符，就採用與建議名稱「完全一致」的方式，為參數命名。

4-5 GA 4 的「自訂事件」

如果我們窮盡洪荒之力，都沒有在 GA 4 的建議事件清單中，找到相符的預設條件，那就只好自己創建事件了。但這樣自訂的事件，未來如果要套用到標準報表中，就還要經過一番處理。

事件名稱的格式，則如前一小節所述，為「小寫英文，以底線連結成為單一字串」，大家只要參考表五，就一目瞭然了。

如果要自訂事件，最好能夠統一規劃，有一個完整的事件命名規約，大家依照相同的脈絡為事件命名。否則，經過長時間，多人參與以後，可能發生重覆設定、名稱混亂等現象。命名規約中，還包含自訂的「建議事件」清單，將所有自行創建的事件與參數名稱納入，與 GA 4 「建議事件」的邏輯相同，讓後續使用者創建或維護事件時，有跡可循，避免走冤枉路。

4-6 「修改活動」與「建立活動」

在 GA 4 報表區左側主功能選單中，「事件」類別下，有「轉換」與「事件」兩個功能選項 (新版介面中，兩者改列在主選單「設定」項下)，如果點選「事件」，就會看到「現有事件」清單，以及右上角的兩個功能鍵「修改活動」與「建立活動」，這是讓很多使用者非常混淆的項目，首先要解釋的，這兩個按鍵上的「活動」，如果檢視英文，「Modify event」與「Create event」，其實就是「事件」。

圖四、「修改事件」與「建立事件」

為了避免誤解，我們在這裡用統一使用「修改事件」與「建立事件」來說明這兩個功能。

從這兩個功能，是放在報表區功能選單中，而不是放在管理區，我們就可以大膽推測，在設計概念上，這是讓使用者可以無需技術條件，就可以自行操作的工具。

這兩個功能的基本原理，是讓使用者在不接觸系統變數與程式碼的情況下，可以調用已經存的的事件或參數當作原料，自行調配出新的事件。

我們在實作計畫中，也納入了這兩個功能，所以現在只要先知道，這是兩個高階的應用工具，可以讓我們在特定的條件下自訂事件，這樣就夠了，細節等操作的時候，再來詳細說明。

Chapter

5

以 GTM 改裝 GA

5-1 GTM 簡介

5-1-1 GTM 是什麼

GTM 的全名是「Google 代碼管理工具 (Google Tag Manager)」，Tag Manager 是通用的工具名稱，並非 Google 專屬，別家也有類似的工具，例如，Adobe 就有一個 Dynamic Tag Manager，簡稱 DTM。市場上，各家的同類工具不勝枚舉。

如果要比較高低，只能說各擅勝場，很難直接排序。但對於 GA 用戶而言，Google 家的 TM，也就是 GTM，有兩個別家無法追趕的優勢，一是免費版就很夠用了；二是自家兄弟，相容性無與倫比。

5-1-2 使用 GTM 的優點

代碼管理工具，顧名思義，就是要用來管理代碼。

管理代碼的目的也很簡單，現代數位行銷平台越來越複雜，為了要深入執行或監控各種行銷活動，需要在服務平台安裝各式各樣的代碼，除了 GA 追蹤碼以外，還有各種廣告平台的轉換碼、再行銷碼、FB Pixel 等等，都是行銷人熟悉的代碼。

如果這些代碼，各自由權責單位或個人，根據需要，直接安裝在網頁上，時間一長，維護管理會變成一場惡夢。而透過一個整合型的工具，無論是管理現況，或是規劃未來，都會更有效率。

5-1-3 GTM 在數位行銷流程中的位置

這是一個很微妙的話題，大家在網路上可以看到各種論述，強調導入 GTM 以後，行銷人員就可以自主安裝與管理代碼，擺脫技術的限制。但實際上，使用 GTM 所需要具備的技術知識，跨度非常之大，從最淺層的基本代碼安裝，到編碼處理複雜的資料層 (Data Layer) 數據，幾乎是兩個世界。兩者之間，有一道明顯的界線，就是 JavaScript 能力。如果淺層應用，確實不需要程式能力就能做到。但如果要執行比較深度的任務，掌握 JavaScript，是一個繞不過去的坎。

所以，我們對企業的建議是，在決定是否換裝 GTM 的時候，如果僅以個人工作方便為考量，認為導入 GTM 後，商業端的非技術人員就可以全面掌握技術安裝，這樣的想法太過樂觀，最後可能會失望。最好還是以企業的長遠發展策略為考量，把目標、優勢與限制，都納入考慮，才不會事與願違。

一般來說，如果企業對於網頁相關的行銷活動，沒有太複雜、太多變的需求，換裝 GTM 以後，並沒有強烈的目標驅動，難以提高學習動機，結果，只要碰到稍微複雜的程序，因為沒有準備技術資源，反而舉足不前，難以推進。

反之，如果企業對於網頁行銷有完整的戰略規劃，認識到市場的「複雜」與「多變」已經成為常態，所以放眼長期，建構多層次的部署。要求第一線的行銷人員，能夠即時應變，回應市場；後線的技術單位，能夠即時補位，增援處理更複雜的狀況。如此，才能讓工具真正發揮效力。而行銷人員具備一定程度的 GTM 能力，也才有戰略價值。

5-1-4 我們麼為什麼要改用 GTM 安裝 GA 4 ？

本書的主題，是 GA 4 的入門介紹，內容原不需包含 GTM 安裝。但因為 GA 4 的運作，高度倚賴「事件」，但事件的複雜度比較高，如果單憑文字說明，很難將概念具體化。所以本書設計以動手實作，安裝 GA 4 事件來印證原理，解釋工具邏輯。眼見為憑，希望能把抽象的概念，落實為可執行的實務。

而為了要實現事件設定，GTM 無疑是最方便，也最合理的選擇。

5-2 GTM 工作原理

5-2-1 GTM 帳戶結構

GTM 免費版和 GA 一樣，只要有 Google ID，就可以開啟帳戶 (參見圖一)。帳戶的定義也和 GA 一樣，只是一個歸類的管理層，將「所有權」或是「工作類別」相同的容器，集中管理而已，並不牽涉到技術設定。

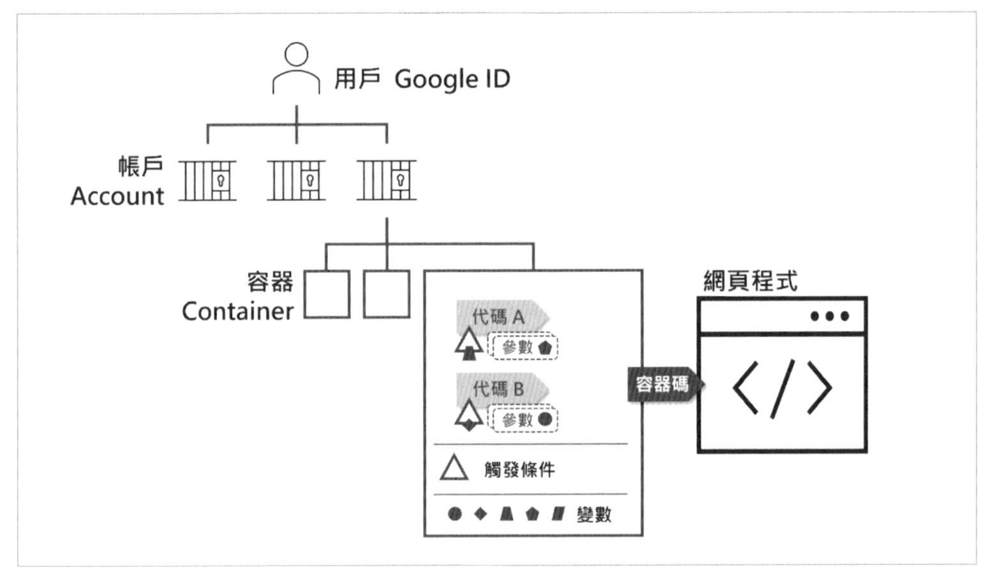

圖一、GTM 帳戶結構

帳戶底下可以開啟容器，每個容器對應一個工作對象，例如一個網站或者是一個 App，位階等同 GA 中的「資源」。

每個容器有一組獨立的容器碼，將容器碼植入網頁程式後，只要在 GTM 的容器管理介面中建立「代碼 (Tags)」，就等於將此代碼植入了網頁程式。

每個容器中可以建立多個代碼，代碼的種類、用途非常多樣化，基本上，每個代碼執行一項工作。

代碼要發生作用，一定要有「觸發條件 (Trigger)」，觸發條件基本上就是系統中特定的訪客互動所產生的「變數」。

GA 的「事件」代碼，還可以附帶相關參數，參數也是系統中存在的「變數」。

「變數」是 GTM 執行任務的基本元素，在訪客互動的過程中，偵測並收集到的各種「信號」，就是「變數」。

GA 4 本身就可以收集到很多的變數，GTM 則更進一步，預設了對於所有點擊、不同深度的旋捲、YouTube 影片播放、元素可見度、表單提交等各種訪客互動，都可以自動偵測，並收集到相關變數的機制。

在 GTM 中設定完成 GA 代碼後，只要代碼被觸發，就會將數據傳送到 GA。至於如何傳送，是底層的技術動作，為了不增加大家的負擔，我們在這裡就不往下展開。有興趣的讀者如果想要深入，在網路上可以找到大量的資料。

5-2-2 GTM 容器 vs. 全域版 (gtag.js) 代碼

我們以全域版代碼安裝 GA 4 的時候，曾經解釋過，全域版其實就是一個容器。那麼，和 GTM 的容器有什麼關係呢？

兩者的基本功能很類似，而且都完整支援 Google 產品的代碼部署。

全域版代碼是一個比較簡單的容器，只適用於 Google 家族，可以直接以 JavaScript 部署與管理代碼，沒有另外的使用者介面。

而 GTM 是一個通用型的容器，可以安裝各種不同工具、不同性質的代碼，而且還有一個完整的使用者介面，適合執行整合管理。

以上兩者，企業根據營運實況擇一安裝即可，但一般來說，全域版是基本款，使用全域版的用戶，未來可能有機會考慮進階升級到 GTM。但已經順利使用 GTM 者，就沒有再回頭改用全域版的必要了。

5-3 改裝 GTM

5-3-1 建立 GTM 帳戶與容器

首先要開啟 GTM，可以直接透過搜尋，找到 GTM 官網，但更簡單的方法，就是從 GA 報表，拉開左上方的帳戶選擇框，在選擇框內左上角，可以看到在 GA 圖標的後面，還跟著四個不同服務的圖標，其中第一個就是「代碼管理工具」。點選後，直接以 GA 的登錄帳戶，進入 GTM。

圖二、從 GA 點選進入 GTM

進入 GTM 以後，依照介面的指示，就會看到「帳戶」畫面，選擇「建立」，就可以開啟「新增帳戶」畫面 (參見圖三)。帳戶名稱可以自由設定，命名原則就是以所有權或是功能分類為帳戶名稱。

在「帳戶設定」框下，就可以開始在「容器設定」框內，設定第一個容器。容器名稱的輸入提示是網址格式，但如果沒有很複雜的網域結構，直接用網站名稱當作容器名稱，就可以了。

最後選擇目標為「網路」，這裡的翻譯也有點問題，「網路」其實是「網站」的意思。

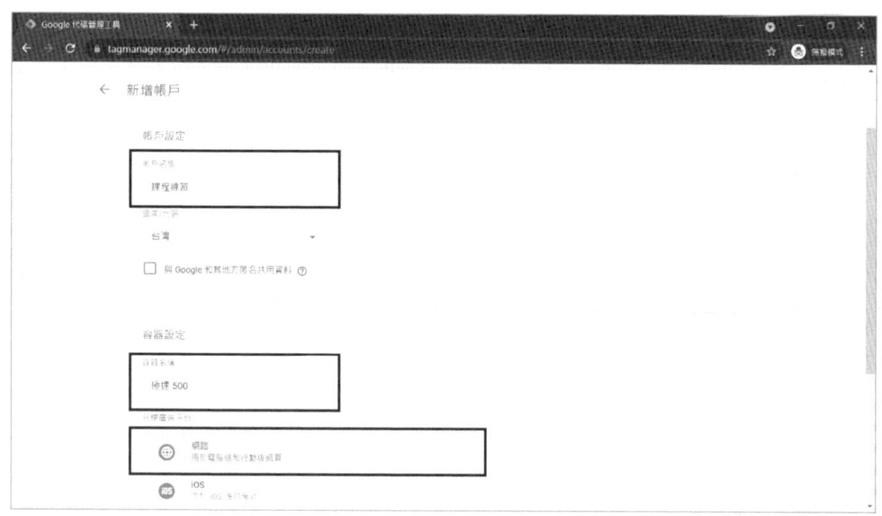

圖三、GTM 帳戶與容器設定

完成以上設定後，按「下一步」，就會開啟「Google 代碼管理工具服務合約條款」(參見圖四)，這裡要特別注意，如果不勾選左下角的「我也接受 GDPR 所要求的《資料處理條款》」，也可以按右上角的「是」，開始使用 GTM。但如此一來，在安裝 GA 相關代碼後，可能因為安全等級不足而產生問題，所以請務必勾選該核取框，接受 GDPR 條款，再按「是」，同意合約。

圖四、服務合約條款及同意 GDPR《資料處理條款》

同意合約條款後，就會進入容器碼管理頁面，但此時在頁面上，會開啟一個「容器碼」視窗 (參見圖五)，視窗內的程式片段 (Snippet)，就是等一下我們要複製貼到網站上的容器碼。

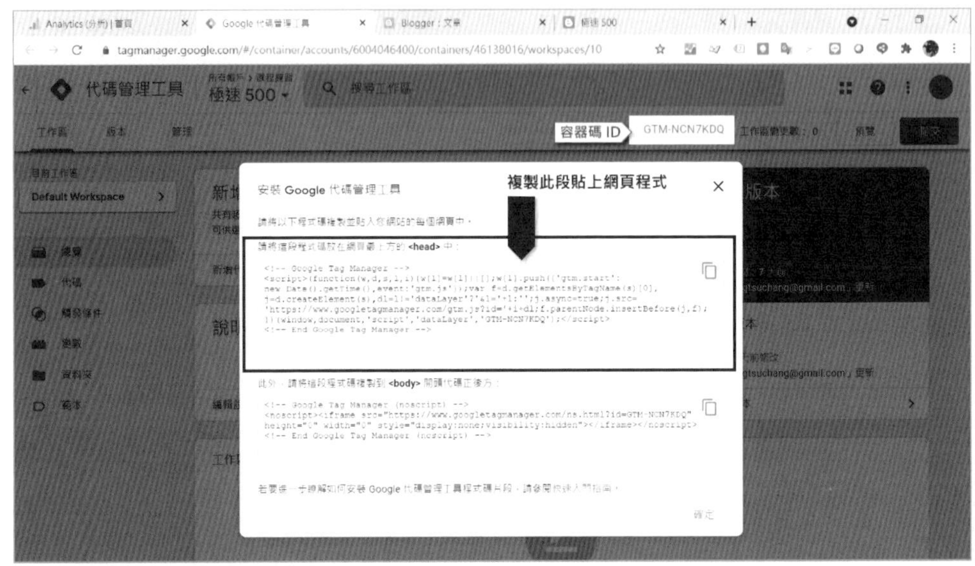

圖五、GTM 容器碼

這裡看到的容器碼有兩段，上方是標準 GTM 容器碼，下方叫作「noscript」，依據官方說明，目的是為了能夠追蹤將瀏覽器設定「關閉 JavaScript」的訪客，而作的特殊安排。

在大部分的情況下，如果不安裝第二段容器碼，也能正常運作。我們在後面的實作中，就打算不安裝第二段的「noscript」，但回到實際營運的商業網站中，是否要將兩段都完整安裝上去，可以諮詢技術人員的意見。

我們現在還用不到「容器碼」，所以先把容器碼視窗關閉。等一下需要複製容器碼的時候，只要點擊上方以 GTM-XXXXXXX 格式出現的容器碼 ID，就可以再次打開容器碼視窗。

5-3-2 建立通用版 GA 基本追蹤碼

關閉容器碼視窗後，出現的就是容器管理首頁的「總覽」畫面。另外，在方上位置選單中，確定目前是在「工作區」。

從左側主選單中，點選「代碼」，在右方工作區域就會看到代碼清單，目前因為還沒有建立任何代碼，所以清單中是空白的。

按清單右上方的「新增」，就會開啟建立代碼的空白頁面。建議大家養成一個好習慣，雲端服務因為沒有「儲存」鍵，所以每次開啟一個新文件，請立刻為這個文件設定名稱，否則一不小心，就會出現一大堆的「未命名文件」。尤其在 GTM 中，需要命名的層級很多，沒有即時把名稱確定下來，很快就天下大亂。

所以，我們先到左上角，修改「未命名代碼」，為這個代碼命名。由於每個代碼執行一項工作，命名的原則，就要能清楚表明這項工作。我們目前要設定的第一個代碼，要執行的工作，就是要建立通用版 GA 基本追蹤，所以訂定代碼名稱，就要把「Universal GA Basic」的基本訊息置入其中。

為代碼命名後，將游標移到「代碼設定」框中，點擊中心的灰色圓圈反白箭頭，或是點擊右上角的筆狀圖標，就會出現「請選擇代碼內容」的清單。這個清單很長，條列了所有 GTM 預設的各種代碼。大家可以快速瀏覽一下，看看 GTM 到底可以安裝那些代碼。

回到清單頂端，排在前三位的，就是 GA 相關的代碼。第一個就是通用分析，也就是我們現在要選用的。通用分析的代碼只有一個，如果要設定不同的點擊型態，都可以選取代碼後，再設定為不同的用途。

而 GA 4 則有兩個代碼，一個是「GA 4 設定」，專為基本追蹤而設計，包含了前面介紹過的自動事件與加強型評估事件，都可以用這一個代碼搞定。但如果要自訂事件，就要選擇另一個「GA 4 事件」。

這三個代碼我們後面都會用到，現在就先選第一個「通用 Analytics (分析)」。

選定代碼後，就進入代碼編輯視窗 (參見圖六)，「代碼類型」就是剛才選取的「通用 Analytics (分析)」。追蹤類型可以拉選通用版 GA 的各種點擊型態，我們現在要執行的是基本追蹤，所以就保留預設的型態「網頁瀏覽」。

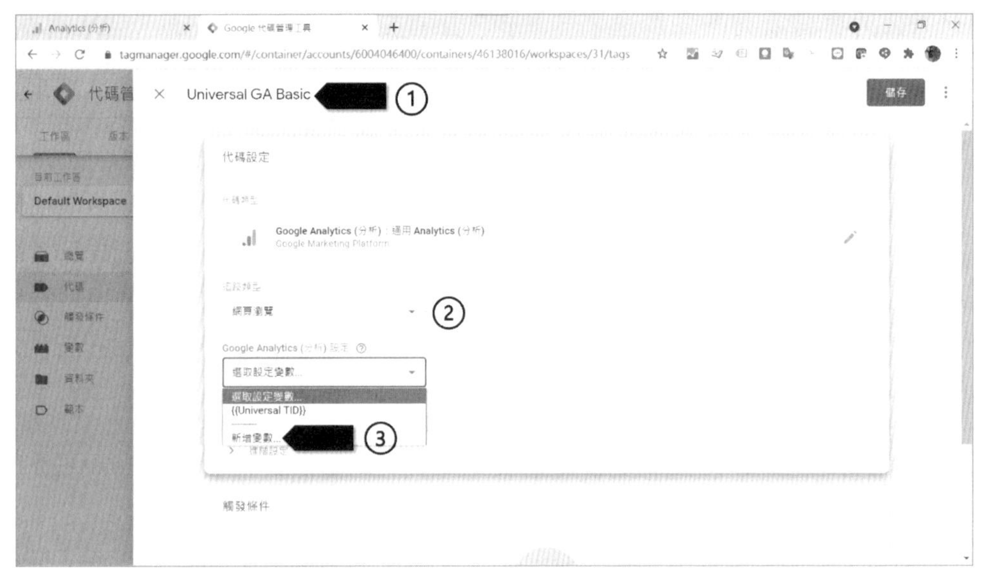

圖六、通用版 GA 代碼編輯視窗

接下來，打開「Google Analytics (分析) 設定」拉選框，選擇「新增變數」，就會開啟變數編輯視窗。因為我們要在這個變數中，存放通用版 GA 追蹤碼 ID，所以先將左上角的「未命名變數」修改為「Universal TID」，回到 GA 管理介面，選擇我們為實驗網站建立的 GA 帳戶，選擇通用版 GA 資源，開啟「資源設定」，複製 UA-XXXXXXXX 格式的通用版追蹤碼 ID，再回到 GTM 變數編輯視窗，將追蹤碼 ID，貼到「追蹤編號」輸入框，下方的「Cookie 網域」保持預設值 auto，然後按右上角「儲存」，回到代碼編輯視窗，這樣，代碼就編輯完成了。

最後，還要設定「觸發條件」，這個代碼才會發生作用，所以到底下的「觸發條件」編輯區，同樣點擊中心的反白圓圈，或是右上角的筆狀圖標，開啟「選擇觸發條件」的清單。由於基本追蹤的條件是每一頁都要作用，所以這裡也沒有其它選擇，就點選「All Pages」作為觸發這一個基本追蹤代碼的觸發條件。

選定之後，回到代碼編輯視窗，檢查上方的「代碼設定」與下方的「觸發條件」都設定完成，按右上角的「儲存」鍵，回到容器管理首頁，就會看到我們剛才設定的代碼「Universal GA Basic」，以及觸發條件「All Pages」，都出現在代碼清單中。

確定沒有問題後，可以選擇立刻提交，就是公開發布容器的意思。但也可以暫不提交，等到安裝了其它代碼以後，再一併提交。我們因為還要安裝 GA 4 的基本追蹤功能，所以暫時先不提交，等到 GA 4 也安裝完成後，再將容器發布。

5-3-3 建立 GA 4 基本追蹤碼

GTM 容器和全域版性質上略有不同，全域版代碼預設綁定了一個資源，而 GTM 是中性工具，所有的資源都要平行處理，一個一個安裝上去。

我們有了前面安裝通用版 GA 的經驗以後，再來安裝第二個 GA 4 代碼，程序與命名原則均相同，只有代碼要改選「GA 4 設定」，選定代碼後開始編輯，內容則更簡單了 (參見圖七)。

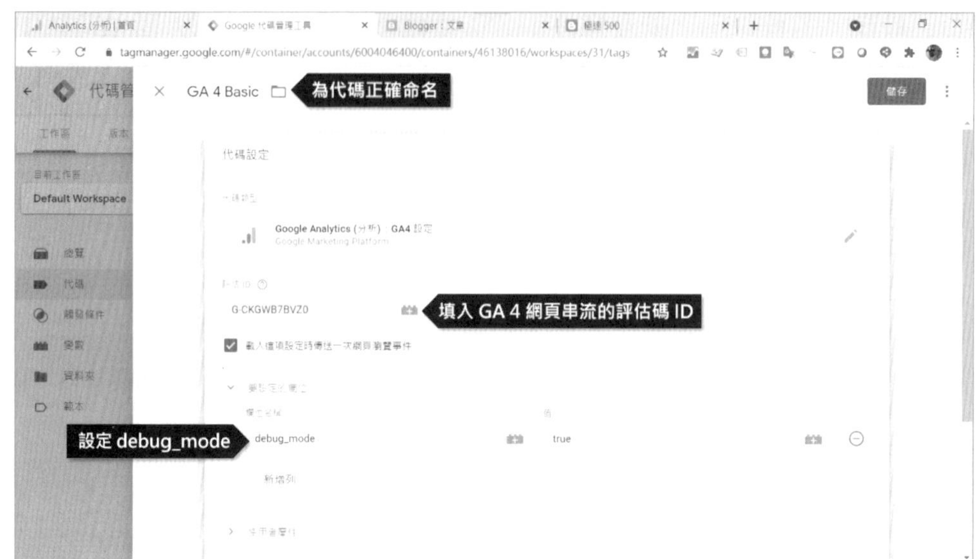

圖七、GA 4 代碼編輯視窗

這裡只要直接將 GA 4 資源的評估 ID 填入輸入框就可以了，不需要設為變數。之前在安裝通用版 GA 代碼時，我們將通用版 GA 的追蹤碼設為變數，是為了以後再為同一個資源新增代碼時，可以直接套用變數，不需要再回到通用版 GA 的資源，去取得追蹤碼編號 (TID)。而 GA 4 的設計更為直接，未來安裝事件時，只要和現在安裝的這個「GA 4 設定」代碼連結，就可以直接套用評估 ID，不需要先設為變數了。

插入評估 ID 後，再開啟底下「要設定的欄位」，新增一列，「欄位名稱」輸入「debug_mode」，「值」輸入「true」。這一個設定，是為了後面可以方便使用 GA 4 報表中的 DebugView。

最後，設定觸發條件「All Pages」，程序和前面設定通用版 GA 完全一樣，就不再重複說明了。

5-3-4 提交容器與版本管理

我們已經在容器中安裝好兩個代碼，分別執行通用版 GA 和 GA 4 的基本追蹤，現在可以發布了。在容器管理首頁點擊右上角的「提交」，就會開啟「提交變更」視窗，可以執行版本管理。

「版本管理」在程式開發流程中，尤其是多人共同開發的場域，是極為重要的環節，但商業端的讀者對此可能不太熟悉。我們建議不要跳過「版本管理」，但也無需將版本名稱訂得太複雜。最簡單有效的命名原則，只要每次提交前，以連續的序號 V01、V02 來編碼，未來管理起來，就會非常方便。

如果這個版本有特殊用途，或是特殊注意事項，可以記載於「版本說明」欄中。但由於最下方「工作區變更」詳細記載了所有變更，一般來說，技術細節是不需要在這裡記載的。版本名稱與說明都確定後，只要按右上角的「發布」，這個容器版本，就開始作用了。

如果發布後，發現有錯誤，隨時可以重新發布先前的版本，不至於讓系統停擺，而這也就是版本管理最基本的功能之一。

5-3-5 將容器碼安裝到網站

到這裡為止，我們已經完成了 GTM 的帳戶與容器，在容器中建立通用版 GA 與 GA 4 的基本追蹤代碼，而且也將容器發布了。最後，只要把容器碼安裝到網站，就大功告成了。

我們之前已經在以 Google 網誌建立的實驗網站中，以全域版安裝了通用版 GA 與 GA 4，由於全域版與 GTM 只要擇一使用即可，所以我們現在就要用 GTM 的容器碼，去替換之前已經安裝好的全域版代碼。兩者安裝的位置完全一樣，所以只要以 GTM 容器碼，直接覆蓋全域版網頁程式碼，就可以了。

當然，如果有特別的理由，想要保留全域版環境，那就再新建一個網誌，新增 GTM 容器碼，當然也可以。

參考圖五，在 GTM 的容器管理首頁，點擊右上方容器碼 ID，就可以開啟容器碼視窗，將第一段代碼複製備用。

開啟 Google 網誌管理後台，選擇網誌，在左邊主選單選擇「主題」，再點擊右邊工作區「自訂」按鍵旁的向下箭頭，將主題拉選框打開，選擇「編輯 HTML」，開啟 HTML 原始碼編碼視窗。

如果要替換全域版，就從開頭 <!-- Global site tag (gtag.js) - Google Analytics --> 到結尾 </script>，選取整段全域版代碼，然後按 Ctrl+V，以 GTM 容器碼覆蓋掉全域版代碼。

如果新建網誌，則將 GTM 容器碼新增到第四列 <head> 之後，就可以了。

然後按右上方的磁碟片圖標儲存，如果一切正常，這時候會在左下角看到錯誤訊息，這是因為編碼相容的問題，所以要做一點小小的修改。在原始容器碼第四行，找到紅色顯示的「&l」，在這兩者中間，插入四個半形字元「amp;」(參見圖八)。修改完成後，再按儲存，看到左下角出現「更新成功」的訊息，就表示換裝完成了。

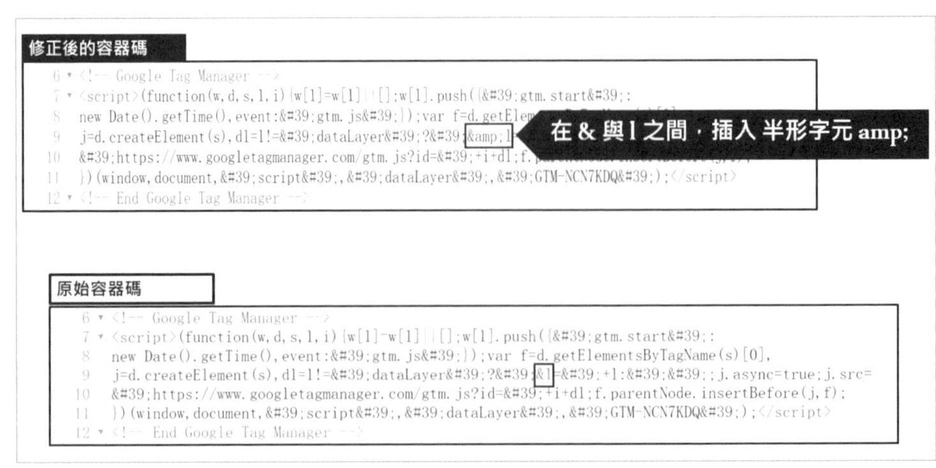

圖八、修改容器碼

以上容器碼與網頁程式不相容，需要修改編碼，並不是普遍性的問題。絕大部分的網站都沒有這個問題。為什麼在自家的產品反而出了問題，這是技術細節，我們也無從深究。但也反映出在比較大的組織內部，產品與產品之間的溝通，要做到完美無缺，其實不是一件容易的事，連 Google 如此大咖，都有照顧不週的地方。

5-3-6 檢查安裝是否成功

最後，只要瀏覽一次網誌，再分別進入通用版 GA 與 GA 4 的即時報表，就可以確認安裝是否成功。

執行確認的細節，可參考本書 2-4-4 及 2-5-7 小節。

Chapter

6

實作計畫之一：以 GA 4 內建功能安裝「網頁瀏覽」事件

由於 GA 4 的事件，與通用版 GA 有比較大的差別，而事件又是 GA 4 有效運作的基石，所以徹底理解 GA 4 的事件如何運作，又如何與商業行為連結，是使用 GA 4 最重要，也是每一位行銷人，必須要掌握的知識。

但 GA 4 事件的原理與程序較為繁雜，透過實作來理解，可能是最好的方式。本章開始的「實作計畫」，就設計了數個案例，由淺入深，涵蓋了 GA 4 事件的基礎原理與流程。讀者只要能夠按部就班完成這些案例，對 GA 4 事件的掌握，就有一定程度的信心了。

6-1 任務與工具

在第四章介紹 GA 4 事件時，我們已經知道有一個由系統自動設定，而且強迫開啟的加強型評估事件叫做「page_veiw」，可以追蹤網站內所有網頁的瀏覽行為。可是，在實際的商業情境中，我們可能更想要知道的是對特定頁面的瀏覽。所以，在這個案例中，我們打算設定一個事件，只有當訪客瀏覽了「認識 GA 4」這一篇貼文，才會被觸發。

這個案例中，主要學習的知識點如下：

- 基本事件 page_view 的細節
- 以 GA 4 內建的「建立活動」功能，設定新事件
- 為事件新增參數
- 將事件設為「轉換事件」

6-1-1 深入 page_veiw 事件

在前面的章節中，我們概略介紹過 GA 4 的事件，每個事件可以附帶最多廿五個參數。我們可以把「事件」理解為一種我們想要記錄、分析的訪客互動，而參數就可以解釋為在記錄這個互動的時候，加貼上去的特徵標籤。

在數據上面加貼有價值的特徵標籤，是讓數據加值的重要手段。而這一件工作，無論是事前的規劃，決定要加貼哪些標籤；或者是事後的處理，如何運用這些標籤帶來的資料，都是高度策略性的計劃作為，不是技術人員應該單獨承擔的責任，而是需要商業端人員，尤其是資深人員高度參與，共同面對的挑戰。

page_veiw 是 GA 4 最基礎的事件之一，也是追蹤訪客瀏覽網頁的核心元素。透過實驗，拆解這個事件的細節加以檢視，可以快速建立完整概念。執行起來非常簡單，只要在實驗網站中，瀏覽幾個不同的頁面，再選擇 GA 4 資源，打開即時報表，在即時報表的「事件計數」區，就可以看到 page_view 被觸發了好幾次，再點選這個事件，就會開啟「事件參數鍵」圖框 (參見圖一)。

圖一、加強型評估事件 page_view 的附帶參數

在 GA 4 中，「事件」與「參數」的名稱，格式相同，都是以底線連結小寫英文字母的單一字串，但兩者的位階與內容，截然不同，對於常用到的事件和參數，不僅要理解，最好還要強記起來，使用事件的時候，才能

得心應手。以下就是三個頁面瀏覽的基本參數，分別記錄了重要的相關資料：

- page_location 瀏覽頁面的網址 (與 GTM 中的 page_url 相同)
- page_title 瀏覽頁面的網頁標題
- page_referrer 上一頁的網址

還有很多其它的參數，不可能一次就全盤掌握，可以等日後在商業上用到的時候，再逐一查詢相關文件，深入理解與記憶。

6-1-2 「建立活動」功能的原理

前面章節中，已經解釋過「活動」就是「事件」，英文都是「Event」。本書不特別區分，兩種名詞都會用到，大家知道指的是同一件事就好了。

GA 4 報表中的「建立活動」功能，其基本原理，就是在用戶介面層，直接套用已經出現在報表中的事件以及參數，當作原料，來調製新的事件。至於還沒有記錄為事件，或是沒有納入事件參數的變數，這個功能都無法觸及。

這是專門替行銷人員所設計，讓不懂程式的人也可以自訂事件的工具。

6-2 實作流程

6-2-1 建立 view_ga4_intro 事件

選擇 GA 4 資源，至報表區選取左側主選單「事件」，開啟「現有事件」清單，所有已經設定完成的事件，都會在這個清單出現。清單右上角有「修改活動」和「建立活動」兩個功能按鍵 (參見圖二)，需要有資源編輯權限者，才能執行這兩個功能。

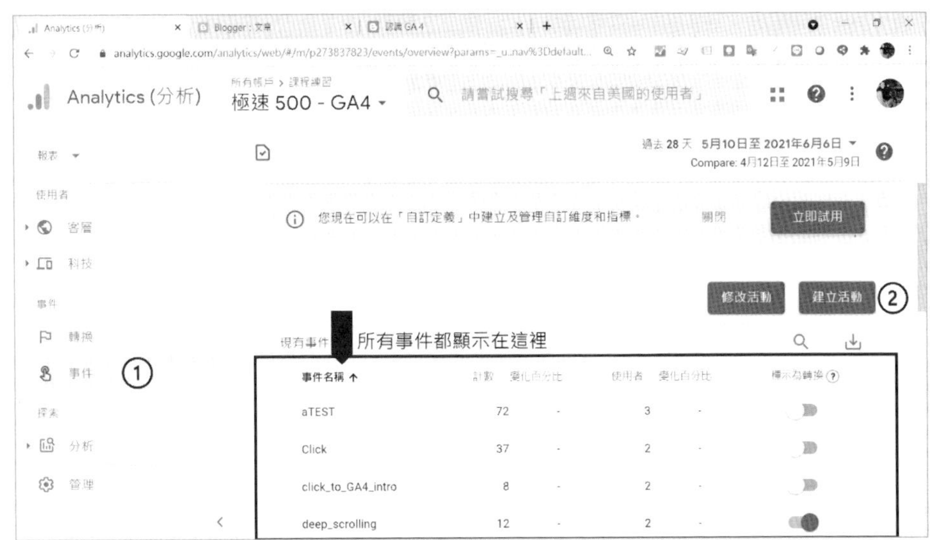

圖二、從報表功能選單，開啟「現有事件」清單

於圖二畫面中，點擊「建立活動」功能按鍵，進入「建立事件」視窗 (參見圖三)。

此視窗中列出來的是以「建立活動」功能所自訂的事件，是所有「現有事件」的一個子集，也包含在「現有事件」的完整清單中。

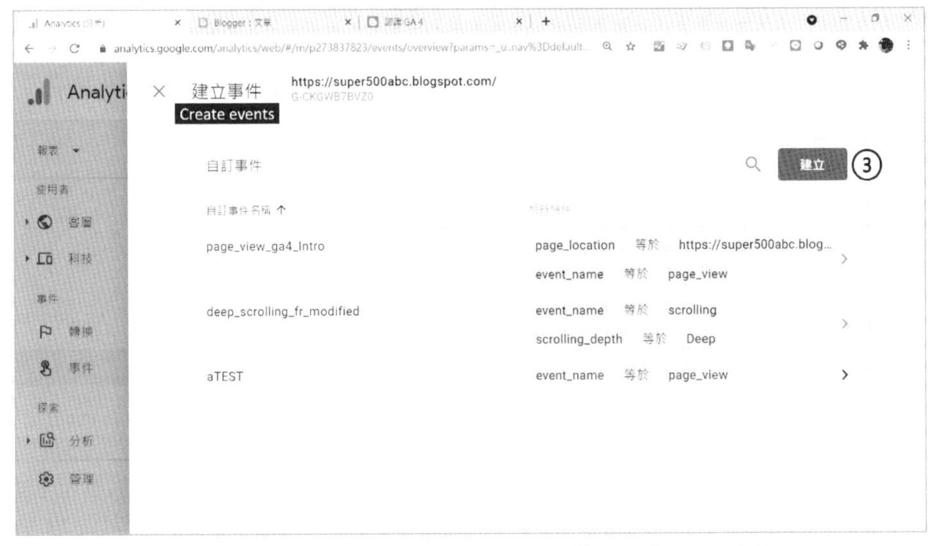

圖三、點擊「建立活動」鍵，進入「建立事件」清單

在「建立事件」視窗中，點擊右上角「建立」，進入「建立活動」畫面，在下方的「設定區」，開始建立新事件 (參見圖四)。

建立新事件首先要命名，我們這個事件的任務是追蹤瀏覽特定頁面「認識 GA 4」，所以在「自訂事件名稱」輸入框中，輸入自訂事件名稱「view_ga4_intro」。

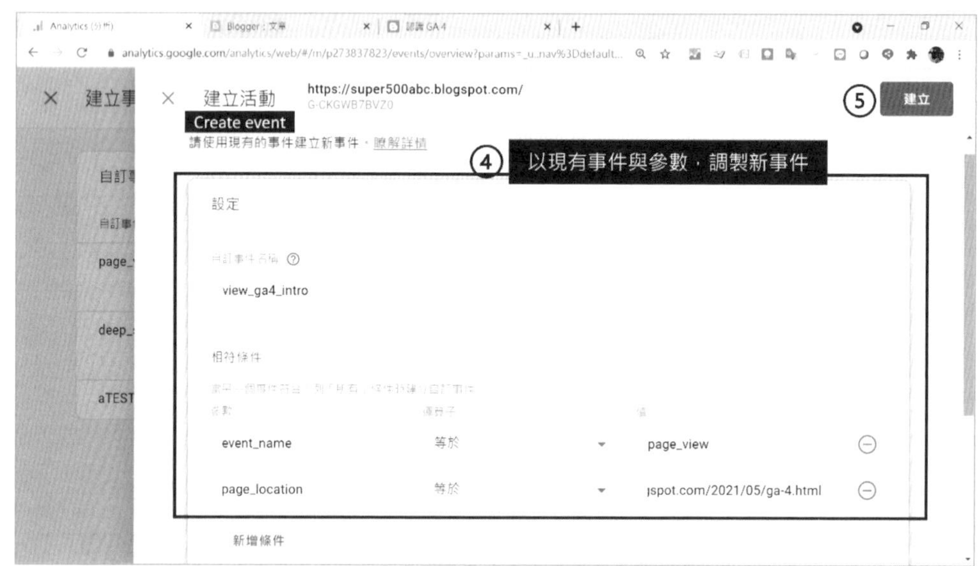

圖四、在「建立活動」工作區，建立新事件

接下來，要在下方的「相符條件區」，設定這個事件的觸發條件，也就是產生這個新事件的前提，這裡需要兩個條件同時成立，是 and (且) 的關係，我們試用口語來說明，如下：

- 條件一：「網頁瀏覽」事件被觸動 (event_name = page_view)
- 條件二：瀏覽的網頁是「認識 GA 4」(page_location = 此一目標頁面的實際網址)

設定完成以後，按右上角的「建立」，就建立完成了，畫面會回到上一層「建立事件」視窗，在這裡可以看到新建的事件，已經出現在清單下方了 (參見圖五)。

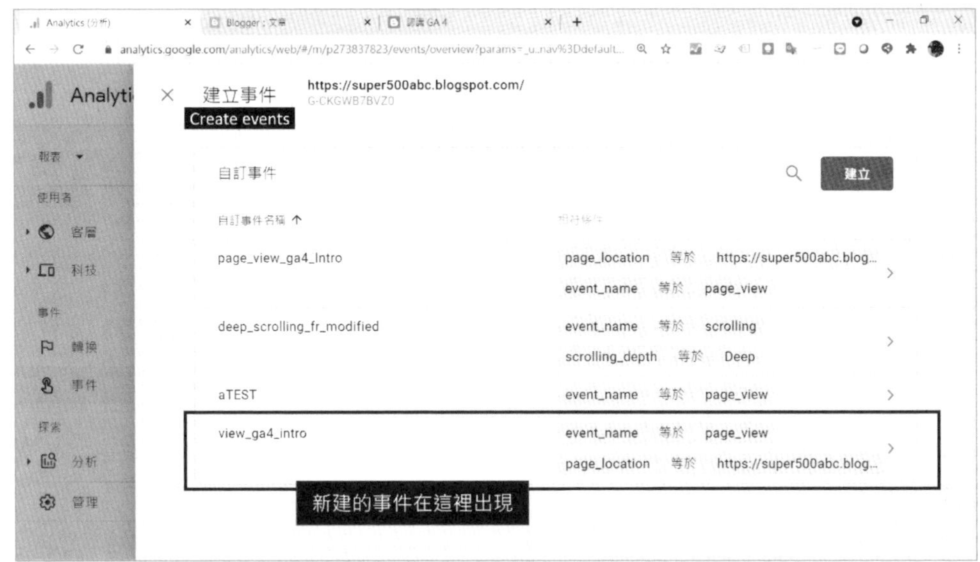

圖五、新事件設定完成，出現在「建立事件」清單中

但如果我們回到更上一層的「現有事件」清單中 (參見圖二)，並沒有看到剛才新增的事件，這也是正常的結果。因為 GA 4 需要一點時間去處理新建的事件，通常要隔一天，才會出現在「現有事件」清單中．

6-2-2 為事件增設參數

參數是事件的重要成分，所以新建的事件，到底要附帶那些參數，也是設計事件的重點。我們如果從「現有事件」清單，點擊「建立事件」，開啟「建立事件」視窗後，只要點選我們想要重新編輯的事件，就可以回到「建立活動」區 (參見圖六)，再點擊「設定」區右上角的筆狀圖標，就可以開始編輯。

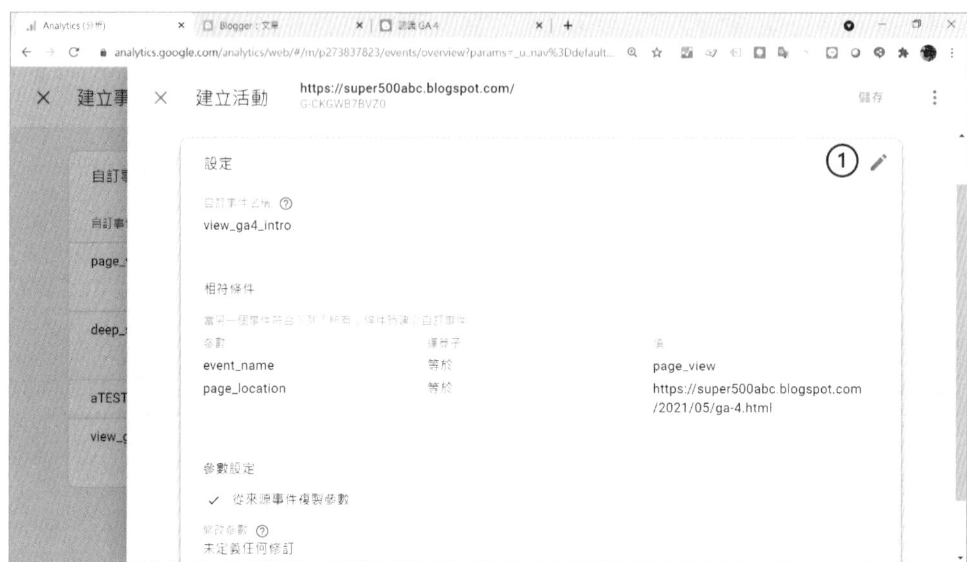

圖六、回到「建立活動」的設定區，編輯已經建好的事件

範例中，我們點選事件「 view_ga4_intro 」來編輯參數，回到「建立活動」頁面，在「設定」區，除了上方的「自訂事件名稱」和「相符條件」以外，下方還可以看到「參數設定」區 (參見圖七)。

圖七、在編輯模式下新增參數

第一個新增參數，我們希望可以附帶前一頁的網址，之前我們介紹事件 page_view 時，就知道有一個預設參數 page_referrer 記錄了前一頁的網址。但是我們希望參數的名稱可以更口語化一點，所以我們打算新增一個參數，取名為 previous_page，而這個新參數的內容，就是來源參數 page_referrer 動態收取的前一頁網址。

來源參數帶入的是動態內容，所以是「變數」的概念。我們在「參數」輸入框輸入自訂的新參數名稱 previous_page 後，在「新值」輸入框中，要以雙層方括號包夾來源參數名稱 [[page_referrer]]，這樣，系統才會將來源參數視為變數，動態抓取每一次觸發新事件時，傳回的上一頁網址。如果不遵循這個格式，只輸入參數名稱 page_referrer，則系統會將其視為常值，觸發事件後，只會固定傳回文字串「page_referrer」。

變數格式並不是放諸四海皆準的。在 GTM 中，變數就是用雙層大括號包夾，例如 {{page_url}}。

第二個新增參數，我們想要為這個頁面，加上一個學習階段的標籤，所以就創建一個參數名稱 level。因為這個事件只被單一頁面的瀏覽觸發，而此頁面的「學習階段」等級，是固定值，所以 level 是常值，以文字串 medium_to_advanced 放到「值」的輸入框中就可以了。

6-2-3 檢視成果

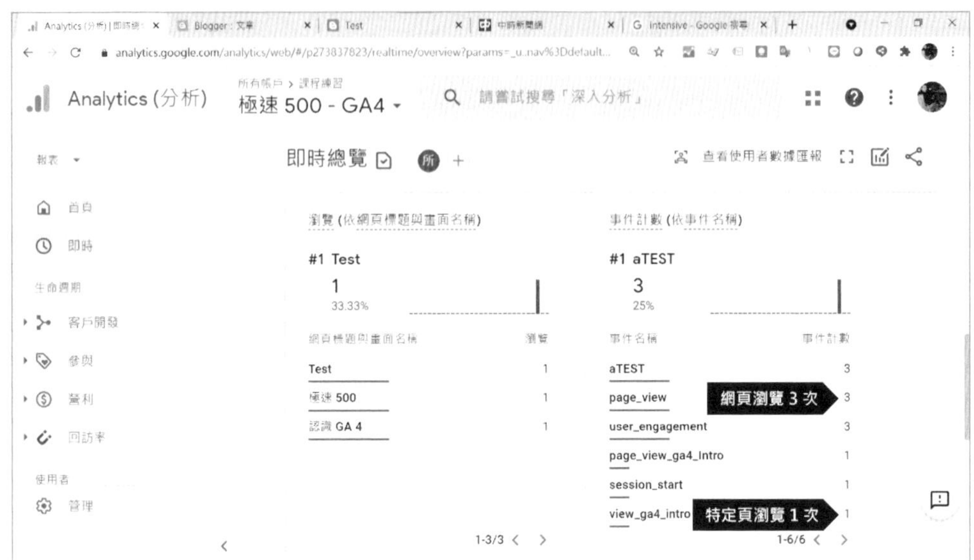

圖八、瀏覽特定頁面事件

這樣設定完畢後，我們就來測試看看結果，在實驗網站中，我們先將所有頁面各瀏覽一次，回到 GA 4 即時報表，在「事件計數」區會看到網頁瀏覽事件 page_view 有多次紀錄，但特定頁面瀏覽事件「view_ga4_intro」只有瀏覽一次。

如果點擊這個事件「view_ga4_intro」，就會進入下一層「事件參數鍵」(參見圖九)，剛才我們新增進去的兩個參數 previous_page 和 level，都有回傳，表示設定成功。

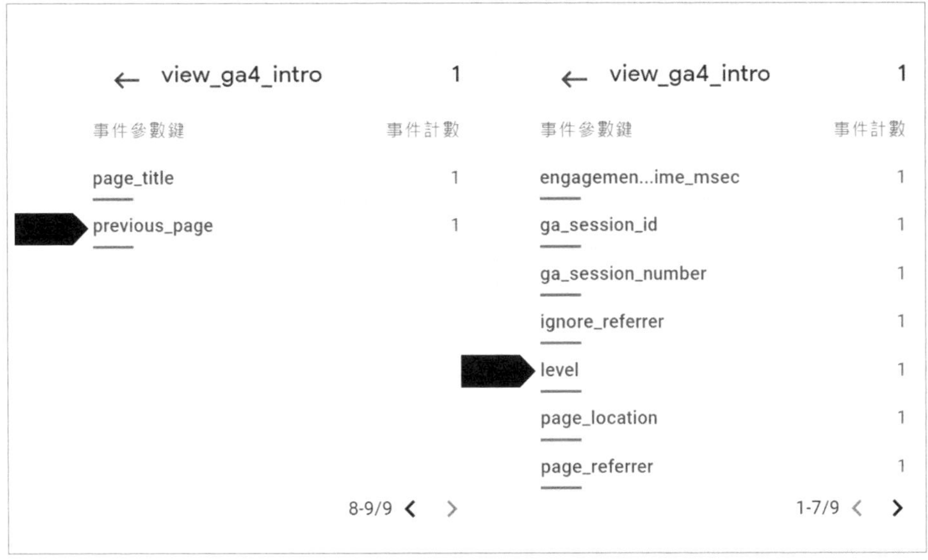

圖九、檢視事件的參數

如果再分別點擊設定這兩個參數，開啟「設定參數值」，就可以檢視參數實際的內容，我們看到 previous_page 動態存取了網址，而 level 則是固定的文字串 mesium_to_advanced（參見圖十）。

圖十、檢視自訂參數的參數值

結果符合我們的預期，設定成功！

6-3 關於「轉換事件」

將已經設定好的事件，標示為「轉換」的流程，相對簡單，所以不如先來談談「轉換」的概念吧！

通用版 GA 中，大家習慣的「目標」功能，在 GA 4 中不見了。如果考慮商業營運的目的，「網站目標」不只是設定功能那麼簡單，而是完整策略的一環。因為網站在企業營運中，並不是一個隔離系統，所以，一定要放眼商業全流程，在其中找出網站所能產出的極限，就是網站的目標。決定網站目標，也是資深人員要高度參與的過程，而不是工具設定那麼簡單。

從宏觀的角度來看，只要設定好預期參考點，再將實際狀況與之對比，都屬於「目標管理」的範疇。通用版 GA 的「目標」，只是一個預設的功能，並沒有涵蓋「目標」的完整概念。

GA 4 取消了「目標」這一個功能，但這與「網站目標」的策略概念毫無影響。我們本來就要用各種手段去追蹤目標。

既然「事件」是一切訪客互動資料的基礎，GA 4 乾脆就開放用戶的選擇自由，針對所有事件，可以自行決定是否為「轉換事件 (Conversion)」。如果我們將「轉換」定義為「達成目標」，那麼就只是換個方式，讓大家更自由的去定義網站大大小小的目標。

所以，決定每一個事件，是否要設為轉換，是屬於「商業目標」的策略層級思考，絕不是資深人員可以置身事外的作業流程。

在開始實作設定「轉換」之前，還有三件事情要提醒大家：

- 所有事件都可以自行選擇是否為轉換，唯一強制設為轉換的是建議事件中的 purchase。如果準確的用 purchase 這個名稱，來設定電子商務的購買事件，就會預設為「轉換事件」，無法變更。

- 在報表中出現的指標欄「總收益」，只加總了 purchase 事件中，記錄交易金額的 value 這個參數值。並沒有其它的參數，來記錄事件的價值。所以，如果要量化計算非交易類事件的價值，需要自己設定參數。
- 在通用版 GA 中，事件的「互動 (Interaction)」與「目標 (Goal)」，是兩個不同層級的概念，設定程序也是獨立的。前者影響「跳出率」，後者影響「轉換」。但 GA 4 只有「轉換」一種設定，既影響「目標達成」，也影響「參與度」，在設定的時候，考慮就要更周延了。

6-3-1 設定「轉換事件」

接下來，我們就來實作，將範例中的事件 view_ga4_intro，設為「轉換」。

有兩種方式可以將事件設為「轉換」，第一種方式，如果事件已經出現在「現有事件」的清單上，那麼只要將事件後面的轉換開關開啟，就設定完成了 (參見圖十一)。

圖十一、在「現有事件」清單上開啟轉換開關

將事件設定為轉換事件以後，從報表左側主選單，選擇「轉換」，開啟轉換事件畫面，就可以在上面看到所有設為轉換的事件 (參見圖十二)。

圖十二、「轉換事件」清單

大家可能注意到了，事件 purchase 後面的轉換開關是鎖死在開啟的位置，不能關閉轉換。

第二種方式，當我們設定好了事件，但因為時間差，這個事件還沒有出現在「現有事件」清單上，不能直接開啟轉換開關的時候，才會用到。

如果遇到這種況，又不想等待，就可以在「轉換事件」畫面，點擊右上角的「新增轉換事件」按鍵，這時候會出現一個「新的事件名稱」輸入框。這裡的文意也不準確，要輸入的就是已經設定完成，但還沒有出現在「現有事件」清單上的事件，並不能在這裡憑空增設一個「新的事件」。以範例而言，輸入的就是已經設定完成的「view_ga4_intro」。

如果事件已經出現在「現有事件」清單，那就只要開啟開關，而用不到這個功能了。

圖十三、新增轉換事件

6-3-2 檢視轉換設定結果

最後，我們來看一下如何檢查轉換是否設定成功。前面已經說明過，轉換事件可以在「流量開發」報表的「轉換」欄中拉選檢視，但通常要隔一天，才能看得到。如果設定後，馬上就想要確認，還是得用即時報表。

將事件設定為轉換後，我們到實驗網站，瀏覽一次目標頁面，就是範例中的「認識 GA 4」這一篇貼文頁。然後進入 GA 4 資源，選擇即時報表，就會看到「事件計數」和「轉換」兩個區域，而剛才設定為轉換的事件「view_ga4_intro」，會同時在這兩個區域中出現 (參見圖十四)，這樣，就確定轉換設定已經成功了。

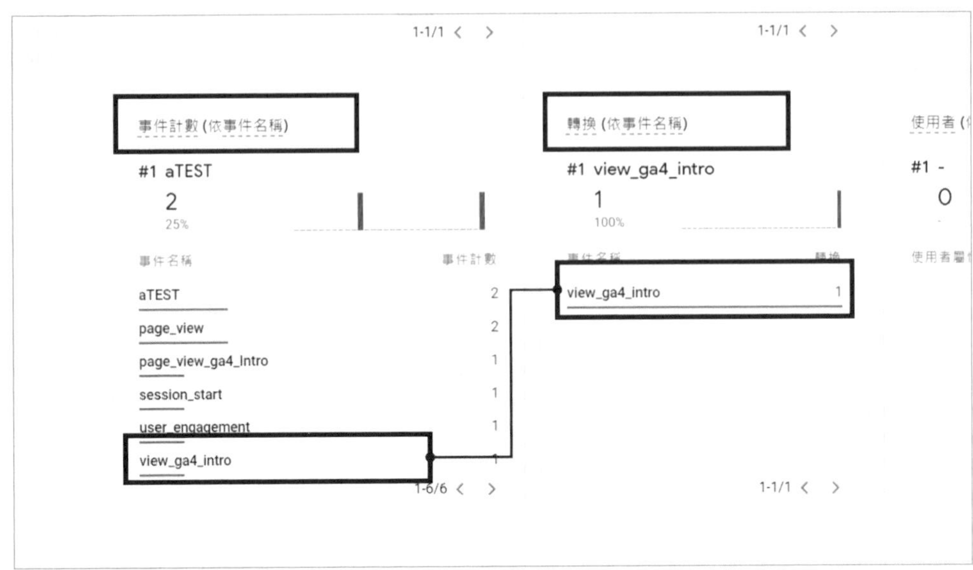

圖十四、即時報表中的「事件計數」與「轉換」區

6-4 「修改活動」與「建立活動」有什麼不同？

在以上的工作中，我們看到在「建立活動」功能按鍵旁邊，還有另一個「修改活動」的功能按鍵。在後面的實作案例中，我們會用到這個功能，但因為這兩個功能，看起來有點像，都有觸發條件，也都可以調整參數，為了避免混淆，我們先在這裡簡單的說明一下。

其實這兩個功能有本質上的區別，設定細節與產出結果也完全不同，主要的分野在於：

- 「建立活動」：新增一個事件，來源事件當作觸發條件後，依然照原狀保留，內容不會被覆蓋。
- 「修改活動」：直接修改原始事件，修改後的內容，會將原始內容覆蓋掉。

掌握了以上的關鍵差異以後，在使用上就不會選錯功能了。

Chapter

7

實作計畫之二：以 GTM 安裝「點擊」事件

7-1 任務與工具

7-1-1 自訂事件的手段

在 GA 生態系統中，由於技術跨度大，專有名詞多，再加上翻譯時的文意落差，如果只是掌握了分散的工具技術能力，而不能理清脈絡，則經常在閱讀官方說明文件時，還是難以將文字完整消化。

GA 4 官方事件分類中的「建議事件」與「自訂事件」，都需要使用者自己設定 (參考第四章 – 表三)。我們在這幾章實作計畫中的任務「自訂事件」，則純粹就是自己訂定事件的字面意思。與官方文件中，說明事件特性所用的分類名稱「自訂事件」，並不是同一層的概念。

在 GA 4 之前，要自訂事件有兩種手段可用，一是直接在網頁中植入程式碼，二是使用類似 GTM 這樣的工具。

而我們在第六章中使用的「建立活動」功能，則是 GA 4 內建的第三種自訂事件手段，只能在 GA 4 中實現，而且只能使用 GA 4 資源已經定義並收集的事件與參數，拿來當作原料，建立一個新事件。

「自訂事件」、「建立活動」這一類的詞語，究竟是一般性的描述，表達一種通用概念，還是一個特定功能的名稱？在閱讀 GA 4 相關文件時，一定要能夠聯繫上、下文的語境，將這兩者區分開來，否則，就很容易產生誤解。

由於本書的目標，是針對商業端的應用，所以實作計畫的內容，都是以幫助大家更好的理解事件的原理，能夠將工具真正與商業連結而設計的，並不是為了建立高深的技術能力，因而，都不會展開到需要程式語言的程度，任何人都可以跟著操作，大家可以放心。

從本章開始，我們要使用 GTM 來建立事件，程序會比上一章用 GA 4 內建的「建立活動」功能，更加複雜。可能需要反覆多練習幾次，才能熟悉流程與背後的邏輯。確實掌握了流程與邏輯之後，未來在商業應用上，無論是執行設定，或規劃策略，就能夠左右逢源，得心應手了。

7-1-2 任務說明

在本章中，我們會使用 GTM 的 GA 4 事件代碼，在實驗網站中，建立一個追蹤連結點擊的事件。

在 GA 4 的加強型評估中，也有一個預設的點擊事件「click」，但這個預設的事件，只有在點擊後，開啟外部網頁時，才會被觸發。用口語來說，這就是一個單純的外連點擊事件。

實務上，點擊的類別非常之多，大部分訪客互動的型態，都是透過「點擊」來實現。所以，只要學會基礎的點擊事件設定，就有能力追蹤大量的各式各樣訪客互動。

我們在這個實作範例中，使用 GTM 來自訂一次點擊事件。雖然也只是內部連結點擊，但完整介紹了流程與條件設定，將來即使遇到別種型態的點擊，也都能夠延伸經驗，有效解決問題。

7-1-3 工具與環境介紹

在這一階段的實作計畫中，我們會延續已經改用 GTM 安裝 GA 4 資源的實驗網站。以 GTM 新增一個 GA 4 代碼，追蹤特定的網頁連結點擊，在範例中，就是貼文「Test」中，導覽到貼文頁「認識 GA 4」的連結點「GA 4 Intro」。

由於在 GTM 中已經為了 GA，預設了可以自動偵測到所有網頁上點擊信號的程式，叫做「點擊接聽器 (Click Listener)」，所以，我們只要在這個接聽器所追蹤到的信號中，挑出我們的目標，就是點擊「GA 4 Intro」的特定信號，就可以了。

這樣的程序，幾乎可以應用到任何點擊的追蹤，而因為點擊是所有訪客互動中，涵蓋面最廣的類型，所以熟悉了這個程序，將來配合不同的需要，追蹤不同的點擊，就輕而易舉了。

行銷人員掌握自行設定點擊事件的能力，在後面關鍵電子商務分析策略中，也可以派得上大用場。

7-1-4 本書沒有介紹到的 GTM 重要環節

由於本書的目標非常清楚，就是建立在商業上應用 GA 4 的基礎能力。其中，釐清事件的來龍去脈，尤為關鍵。因此，不會深入 GTM 技術，避免失焦。

但是，大家如果在實作中，對 GTM 發生了高度的興趣，那麼以下幾個知識點是本書沒有深入討論，但值得大家花一點時間去接觸，對於深入 GTM 一定有幫助的基本功：

- 認識 Data Layer

Data Layer 是 GTM 運作的基礎，但也是讓非技術人員常常摸不著頭緒的東西。尤其，Data Layer 與 dataLayer，是不同「層」的名詞，但翻譯成中文，無法表達大、小寫的差異，要把事情講清楚，就更困難了。

Data Layer 是一個「概念」，描述在網頁和 GTM 或其它工具中間，傳遞資料的虛擬「層」。

而具體來說，這個「傳遞資料」的工作，是透過 JavaScript 的物件 (Object) 來實現。GTM 預設了一個名為 dataLayer 的 JavaScript 物件，專門用來傳遞訪客造訪時，在網頁中產生的資訊，例如：登錄資訊、購買資訊等等。

dataLayer 這種命名規則，字詞間不分段，第一個字詞全部小寫，之後的字詞字首大寫，叫做「小駝峰式命名法（lower camel case）」，是程式人員命名變數、函數時，為了提高可讀性，而常用的技法。

歸根結柢，由於和網頁程式的關係密不可分，系統性的建立完整網頁程式與 JavaScript 能力，才是深入瞭解 Data Layer 運作，最有效的學習方法。

這一部分和商業的距離確實有點遠了，所以對於大部分非程式人員而言，除非另有職涯規劃，否則只要對 Data Layer 具備概念性的認識，能夠在定義商業需求時，對技術支援者，提出對的問題和合理的要求，這樣就夠了。

- 工作區與版本管理

GTM 非常大方，對於免費版，就提供了三個工作區 (Work Space)。

多工作區對於團隊協作非常方便，雖然三個工作區的規模，還不夠支撐大團隊的協作需要，但配合版本管理，對於小規模的商業應用，基本上綽綽有餘了。如果企業有組織間協作 GTM 的需要，不要忘了學會如何管理版本和運用工作區。

- 預覽 (Preview)

GTM 的預覽是一個強大的功能，對於偵錯、除錯和發布前測試，都非常好用。

本書中沒有使用預覽，當然，根本的原因是因為複雜度高，三言兩語講不清楚。同時，預覽功能對於環境要求較敏感，實作中如果無法產生和範例一樣的結果，難免挫折。

而我們在範例中要解決的所有問題，不用「預覽」，也同樣可以做到。為了將焦點集中在對「事件」的理解，避免展開過多的旁枝，所以我們最後決定，書中不使用預覽功能，而另外以視頻來介紹，當作輔助材料。

7-2 以 GTM 建立 GA 4 點擊事件代碼

7-2-1 整備測試環境

首先請把以下環境準備好：

- 開啟實驗網站
- 進入 GA，選定與網站對應的 GA 4 資源
- 開啟 GTM，選定與網站對應的容器

如果一切正常，我們從 GTM 的容器管理首頁左側功能選單，選擇「代碼」，會在出現的「代碼」清單中，看到兩個代碼，分別是通用版 GA 和 GA 4 的基本追蹤代碼。瀏覽一次實驗網站，到 GA 4 中，打開即時報表，應該會看到活躍使用者的數字出現。

如果以上環境還沒有準備妥當，請回頭複習一下第五章的內容。

7-2-2 啟用變數

我們前面說明過，GTM 預設的「點擊接聽器」，可以自動偵測到網頁中所有的點擊動作。其實，不只針對「點擊」，GTM 還預設了很多偵測其它動作的接聽器。因為執行任何程式，都會消耗系統資源，所以這些內建的接聽器，平時並沒有啟用，到了需要的時候，再去啟用。

這些偵測的結果都是以「變數」的形式來處理的，所以我們首先要啟用相關的「變數」。在容器管理介面左邊的功能主選單中，點選「變數」，然後，在「內建變數」清單的右上角，點擊「設定」按鍵，就會開啟「設定內建變數」的檢核表，可以勾選需要啟動的變數 (參見圖一)。

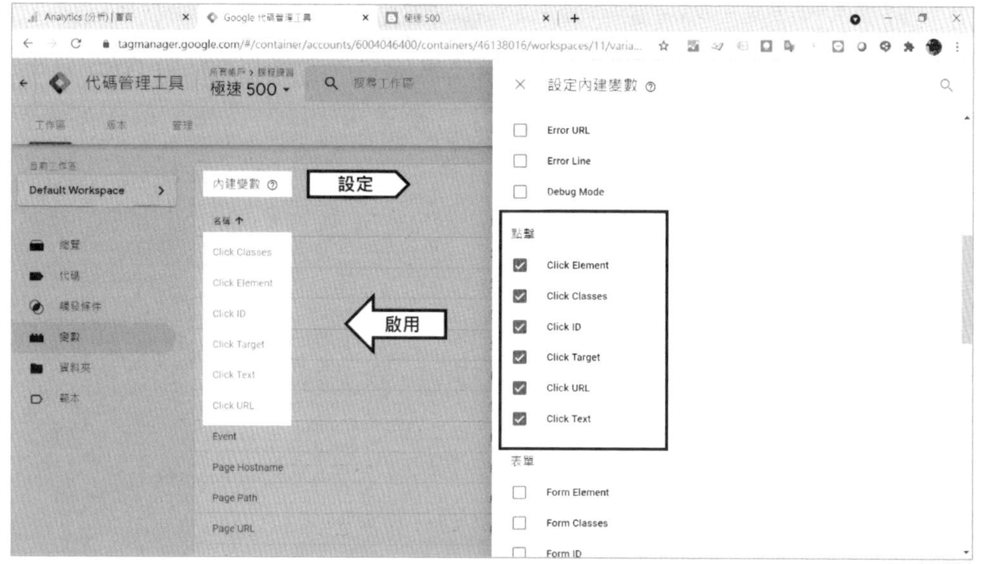

圖一、啟用點擊相關變數

將「設定內建變數」檢核表向下拉捲，找到「點擊」分區，把底下六個 click 開頭的變數，全部勾選起來，再點擊「設定內建變數」標題左方的叉叉，將檢核表關閉，就可以在原來的「內建變數」清單中，看到新加進去的這六個變數。

至於為什麼要把六個變數都勾選起來，其實這並不符合我們真正在部署商業網站，有技術支援情況下的作法。但我們這裡模擬的程序，是沒有技術支援的情況下，需要自行嘗試錯誤。雖然不符實情，但卻可以學到更多的技巧。

以上這些變數，就是 GTM 預先以程式完成的「點擊接聽器」在偵測到點擊發生時，會收集到的信號。這些都是 GTM 預先為 GA 準備好的程式工具。

由於 GTM 本質上是一個中性的通用工具，並非專為 GA 而存在，所以，初期並沒有為 GA 用戶設計太多專用功能。但後來，因為 GA 越來越普及，雖然免費使用，卻逐漸成為 Google 一個重要的「曲線獲利」工具，因此到了近期，Google 開始在 GTM 上投注更多的技術資源，針對 GA 用戶，設計了許多方便好用的功能。我們在下一章會用到的「旋捲」追蹤，也是其中之一。

7-2-3 編輯代碼

回到容器管理首頁，在左側功能區選擇「代碼」，開啟代碼管理頁面，按右上角的「新增」，開啟新的代碼設定區 (參見圖二)。

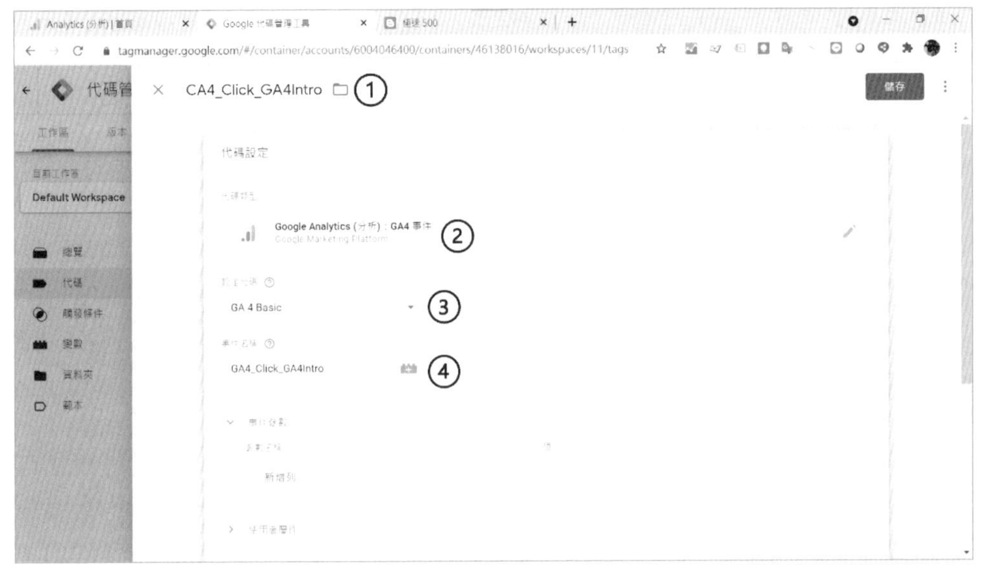

圖二、事件設定

先修改左上方「未命名代碼」，為代碼命名。為了便於管理，事件代碼的名稱，最好把事件的所有特徵，例如動作類別與事件目的，都標示在內。而因為在同一個容器中，可以同時存在通用版 GA 與 GA 4 的代碼，為了能夠區別兩者，所以 GA 的版本資訊也放入名稱中。

在範例中，我們就將代碼命名為 GA4_Click_GA4Intro，依序包含了 GA 版本、動作類別、事件目的。日後代碼數量增多，維護管理時，直接從代碼的名稱，就可以辨識內容。大家可以根據自訂的命名原則，為代碼命名。

然後，在「代碼設定」區中，加入新的代碼，因為是建立 GA 4 的事件，所以打開「請選擇代碼類型」清單後，選擇「GA 4 事件」代碼。

接下來的「設定代碼，輸入框，只要拉選之前已經安裝好的 「GA 4 設定」代碼，不需要再次複製 GA 4 串流的評估 ID。範例中，只要選擇已經安裝好的 GA 4 基本追蹤碼「GA 4 Basic」，就可以了。

最後是「事件名稱」輸入框，這裡設定的事件名稱，就是在 GA 4 報中出現的事件名稱。因為在 GA 4 報表中，並不會同時出現通用版 GA 的事件，所以不加註 GA 版本名稱「GA 4」，也不會有混淆的問題。這和代碼名稱，因為可能和同一容器中通用版 GA 的代碼混淆，所以要加註「GA 4」，是不一樣的情況。

雖然如此，我們在這裡，還是把事件名稱和代碼名稱，設為完全一樣，都是「GA4_Click_GA4Intro」。這樣做，是為了後面要介紹另一個工具「修改活動」，我們打算示範到 GA 4 報表內，再來修改事件的名稱。

7-2-4 附掛參數

GA 4 的事件在名稱之外還可以附帶參數，接下來我們就選一些參數，在追蹤點擊事件的時候，一併收集起來，送到 GA 4 資源去。

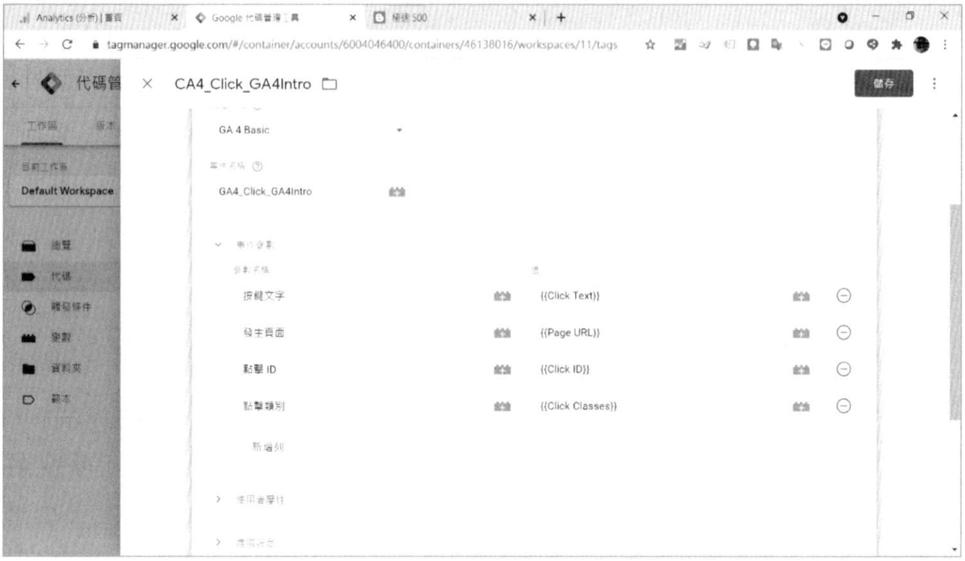

圖三、設定事件參數

從事件設定再往下，就可以打開「事件參數」設定區 (參見圖三)，只要按「新增列」，就可以逐筆開啟參數輸入框。

建立參數包含兩部分，第一部分是「參數名稱」，由我們自訂，中、英文都可以。第二部分參數「值」，可以輸入固定值，也可以點擊輸入框右方的反白「+」號，選擇系統中存在的變數。

範例中，我們在這個事件下附掛了四個參數，其中 Click ID、Click Classes、Click Text 都是 GTM 點擊接聽器會自動收集的變數。但前提是點擊後，網頁中會產生這個變數。我們現在不確定網誌會產生那些變數，所以多收集幾個，事後再來檢查。還有，我們想知道這個點擊事件，發生在網站的哪一個頁面，所以再加一個參數「發生頁面」，「值」就拉用 GTM 預設的 Page URL 變數。

大家可能已經發現了在 GTM 中，不僅變數名稱的語法與 GA 4 不一樣，不是用小駝峰式；表達變數的格式也不一樣，是用雙層大括號，而不是方括號包夾變數名稱。

7-2-5 設定觸發條件

以上把事件和參數都設定完成了，不要忘了下面還有「觸發條件」。往下進入「觸發條件設定」，點擊右方筆狀圖標，開啟「選擇觸發條件」視窗，在清單中，可能只看到 All Pages 一個選項，但不是我們需要的。

請點擊右上角的「+」號，就可以開啟「請選擇觸發條件類型」的選單。在這個選單中，選擇「點擊」項下的「所有元素」。這是一個範圍最廣的通用條件，各種型態的點擊都可以觸發。

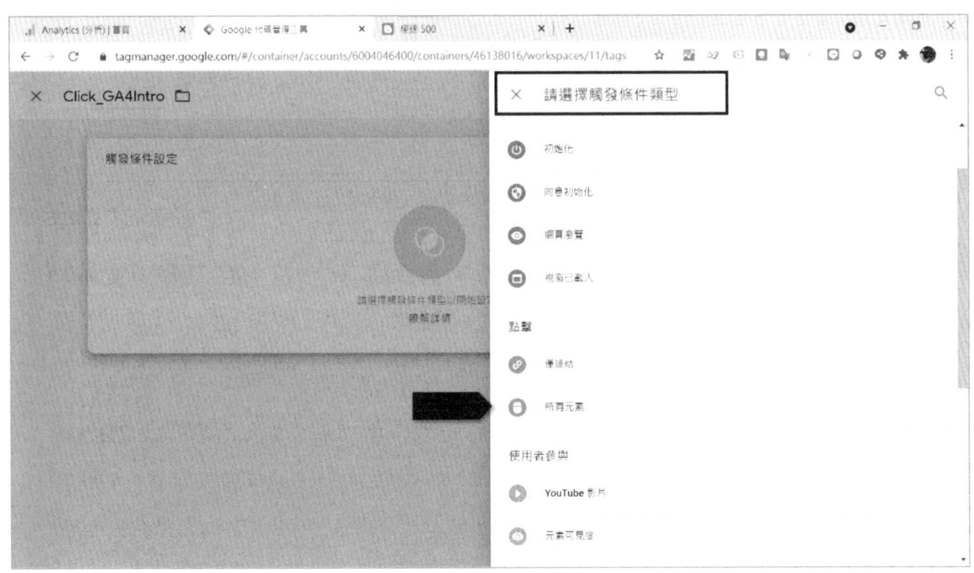

圖四、選擇觸發條件

選定觸發條件後，就會進入「觸發條件設定」視窗，觸發條件同樣需要命名，因為觸發條件可以在通用版 GA 和 GA 4 中通用，所以命名就不需要包含 GA 版本資訊，直接以類別與功能命名為「Click_GA4Intro」。

接下來，最關鍵的設定，是底下的「這項觸發條件的啟動時機」選項，因為我們的分析需求，是要精準指向特定的點擊，所以需要知道目標點擊的辨識特徵，然後用「部分點擊」選項，限定只有目標點擊，才會觸發事件。

範例中，這一個點擊事件要追蹤的是「Test」這篇貼文中，開啟「認識 GA 4」這篇貼文的導覽連結，導覽連結的文字是「GA 4 Intro」。

我們現在模擬的情境，並不知道這一個點擊的辨識特徵，所以，我們把程序倒過來，先把條件放到最寬，選擇「所有點擊」，然後實際點擊目標連結，再來檢查有甚麼可以辨識的唯一特徵。找出辨識特徵後，再回來把條件限定為目標點擊。

大部分的商業情境，其實反而沒有這麼複雜，最正常的程序應該是程式人員直接告知這一個點擊的 ID，也就是變數 Click ID，然後就可以直接選擇「部分點擊」，限定只有符合的 Click ID 才能觸發事件。

以上事件、參數、暫定的觸發條件都設定完成以後，按「儲存」、「提交」，記得給版本命名，發布完成後，就可以來檢視結果了。

7-2-6 以 DebugView 檢視結果

我們現在要用另外一個 GA 4 獨有的厲害功能，在報表的左側功能選單中，選擇「設定」項下的 DebugView (參見圖五)，來檢視結果。

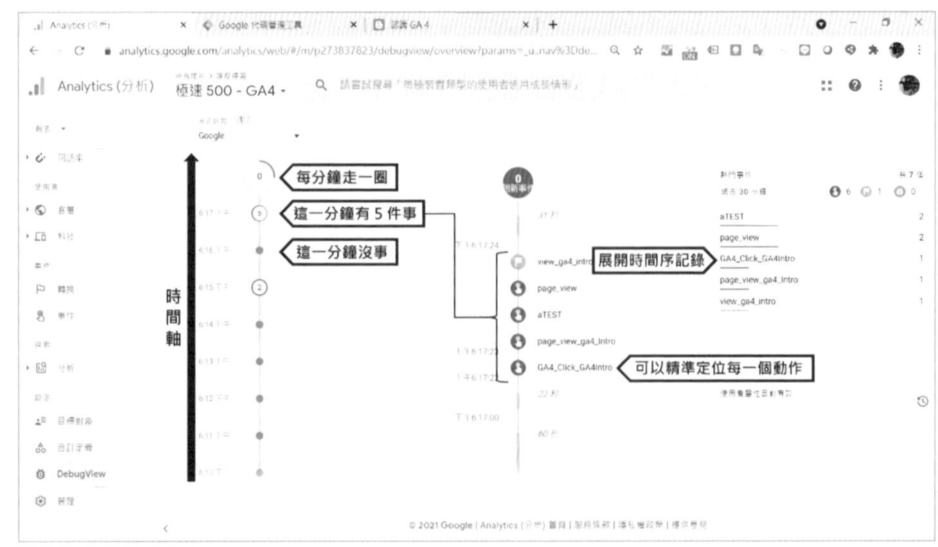

圖五、DebugView 主畫面

前面章節中，我們都是用「即時報表」來檢視結果。但這一個範例，到目前的階段為止，並沒有完成最終的設定。網頁上所有點擊，都會觸發同一個事件「GA4_Click_GA4Intro」，如果用即時報表來檢視，事件計數與參數，都會將所有點擊的結果，彙總在一起呈現，我們如果想要針對特定的點擊，找出唯一的辨識特徵，即時報表就不能滿足我們的需求了，所以我們改用 DebugView。

打開實驗網站，執行幾次各種點擊。在 DebugView 頁面，我們就會看到依時間序排列，分別出現的各次點擊，時間戳記可以精確到「秒」，足以讓我們定位哪一次是我們想要追蹤的目標點擊 (參見圖六)。

在「熱門事件」區中，點選「GA4_Click_GA4Intro」事件，根據時間戳記標定目標點擊，展開後檢視參數。我們可以找到在 GTM 中設定的「按鍵文字」和「發生頁面」，但是 Click ID 和 Click Classes 卻不見蹤影。原因很簡單，因為 Google 網誌對於自訂的點擊連結，並沒有賦予 Click ID 和 Click Classes 值 ，找不到變數值，參數就不成立，也就不會送到 GA 4 資源了。

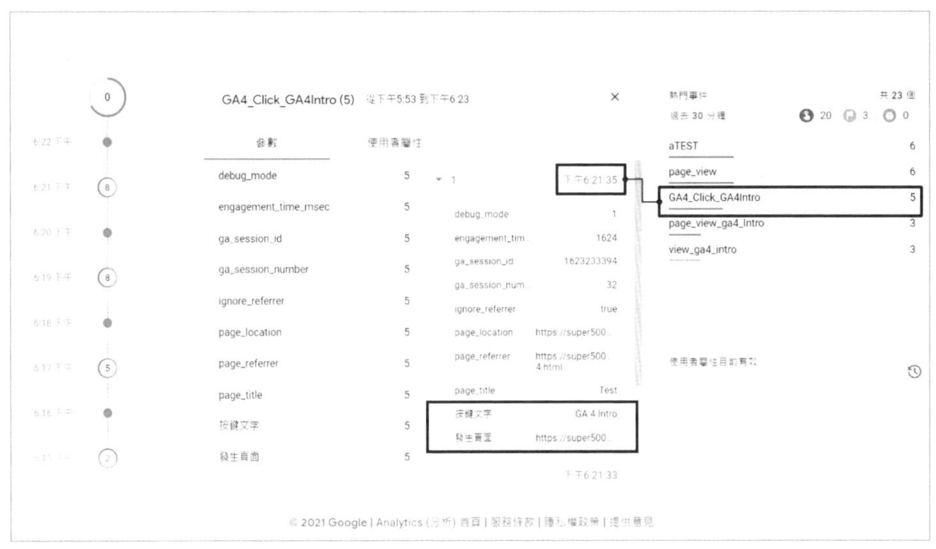

圖六、定位目標點擊

這裡我們唯一可以找到，用來定位連結「GA 4 Intro」的特徵，就是參數「按鍵文字」顯示的內容，而這個內容在 GTM 中是以變數 Click Text 所記錄的。

7-2-7 修改觸發條件

找到唯一辨識特徵後，下一步就要回到 GTM，修改觸發條件。

回到 GTM，在代碼管理頁面，可以直接點擊代碼清單中，GA4_Click_GA4Intro 代碼後面的觸發條件 Click_GA4Intro，進入「觸發條件設定」視窗 (參見圖七)，將「所有點擊」改選為「部分點擊」，條件設為「Click Text = GA4 Intro」。這裡的條件是給系統看的，大、小寫、空格，都不能有出入，所以建議用最保險的方式，去網站複製這段連結文字，而不要憑記憶用人工輸入。完成條件設定，按「儲存」，就修改完成了，修改後，記得提交，發布。

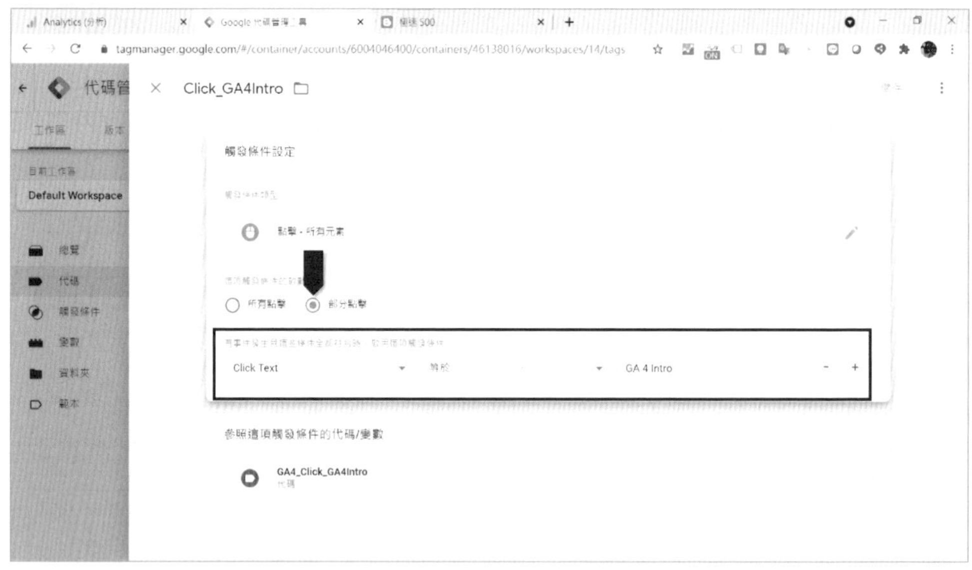

圖七、修改觸發條件為「部分點擊」

在實務上，我們可能會在很多不同的頁面，以相同的文字或 Click ID 設定連結點。如果想要精準追蹤其中一個特定頁面的點擊，只要在底下增加一個 「Page URL = 特定頁面網址」的條件就可以了。學會了活用「部分點擊」的條件設定，就擁有了彈性設定多樣化點擊事件追蹤的能力。

將部分點擊的條件設好並重新發布以後，用 GA 4 及時報表來檢查，發現只有點擊目標連結「GA4 Intro」，才會觸發「GA4_Click_GA4Intro」這個事件，其它的點擊就不再會觸發這個事件了。

7-2-8 「網址」與「網頁路徑」

在 DebugView 中檢視事件參數的時候，我們發現 GTM 記錄在「發生頁面」參數中的值，與 GA 4 原生的參數 page_location 一樣，都是網頁的完整網址。

但在通用版 GA 中，大家已經習慣了僅用路徑來表示網頁，除非有跨網域設定，否則一個資源對應一個網域，指定任一個單一頁面時，網域都是共同資訊，不需要再註明一次。從訊息簡化的角度來看，這樣是合理的安排。

但是目前 GA 4 預設參數只有完整網址的 page_location，如果我們想要產生單純只有路徑的參數，那就要回到 GTM 去處理。

回到 GTM，選擇 GA4_Click_GA4Intro 代碼，開啟「代碼設定」視窗，啟動編輯模式，將原本設定的參數「發生頁面」改為「發生路徑」，在右邊「值」輸入框中，將原來的 {{Page URL}} 清除，重新拉選變數 {{Page Path}}，回傳的參數內容，就只有網頁路徑了。

儲存、提交、發布是每次容器內容變動後的必要程序，我們就不再提醒了。

7-3 直接在 GA 4 報表中修改現有事件

7-3-1 以 GTM 設定事件的命名原則

使用 GTM 建立事件時，需要設定代碼、事件、觸發條件三個層級的名稱，基本命名原則是將三者設為相同，這樣做日後比較容易維護、管理。

但是，在通用版 GA 和 GA 4 並存於同一容器的情況下，上述原則可能要做一些修改。

因為通用版 GA 與 GA 4 使用的代碼不同，所以建議在代碼命名時，要加註 GA 版本資訊。但是，下一層的事件名稱，只會出現在各自的報表中，通用版 GA 和 GA 4 是各自獨立的，不會混淆。所以，就實用角度來看，事件名稱加註 GA 版本資訊是多餘的。前面範例中，我們故意在事件的名稱上還是加上了 GA 版本資訊，就是要模擬以下的商業實況：對於設定好的事件，我們不滿意時要怎麼辦？

7-3-2 以「修改活動」修改現有事件

GA 4 內建功能「修改活動」可以處理這樣的商業情境，我們就來動手實作看看，不需要回到 GTM，直接在 GA 4 報表中，就可以將已經設定好的事件「GA4_Click_GA4Intro」改名為「Click_GA4Intro」。

關於這個功能的名詞歧義，以及與「建立活動」功能的基本差異，已經在前面 4-6 節與 6-4 節有過說明，大家可以回頭複習一下。

實作程序從 GA 4 資源的報表區開始，選擇左側主功能選單「事件」分類下的「事件」，開啟「現有事件」視窗，然後點擊右上方的「修改活動」按鍵。

從「現有事件」視窗，點擊「修改活動」按鍵後，進入「修改事件」畫面 (參見圖九)，這個畫面是記錄現有修改活動的清單。再點擊右上角「建立」，進入「修改活動」畫面 (參見圖八)，就可以在底下的設定區，開始修改事件。看到這些「事件」與「活動」反覆糾結的畫面標題，真的要對翻譯人員說一聲：你們辛苦了！

圖八、設定「修改事件」

圖八中的第一個輸入框「修改名稱」，輸入的不是系統參數，而是給人看的註記說明，應以使用者閱讀方便為準。我們這裡就以「修改事件 原事件名 > 修改後事件名」的簡要格式，對此修改完整說明。

接下來要決定什麼時候觸發這個修改，我們這裡的條件比較簡單，就是把名稱為「GA4_Click_GA4Intro」的事件，抓過來改名，所以判斷條件只有一項，就是「event_name」等於我們要改名的事件 GA4_Click_GA4Intro。

在實戰情境中，如果還有其它的條件，就在底下用「新增條件」逐條加入。

接下來就是關鍵修改內容了，根據我們的目的，最重要的當然是把事件名稱中，多餘的 GA4 去掉，所以就將參數「enent_name」改為新值「Click GA4Intro」。

但同時我們還多了一點心思，想到以後回溯追蹤時，如何連結這兩個事件名稱？所以就增設一個新參數 original_name，用原來的事件名稱當作參數值。

同時，又考慮到未來可能有多次的修改，再增設一個參數「rename_version」，用來記錄修改的次數。

最後，按右上角的「建立」，就完成修改了，並回到上一層「修改事件」清單，這時候就會看到我們剛才完成的修改說明，也列在清單上了。

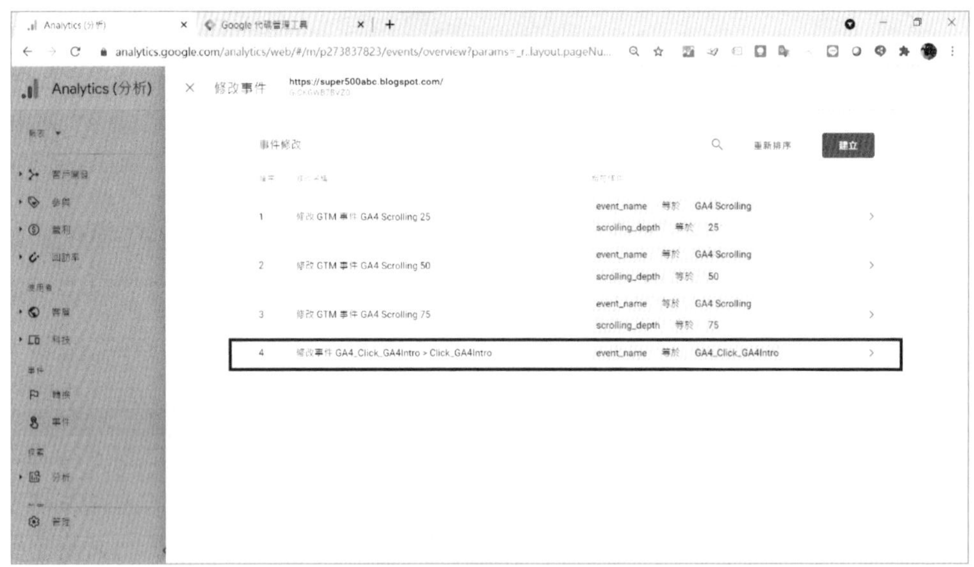

圖九、「修改事件」清單

7-3-3 驗證修改事件結果

最後，當然就是用 DebugView，來檢視修改後的結果是否正確 (參見圖十)。

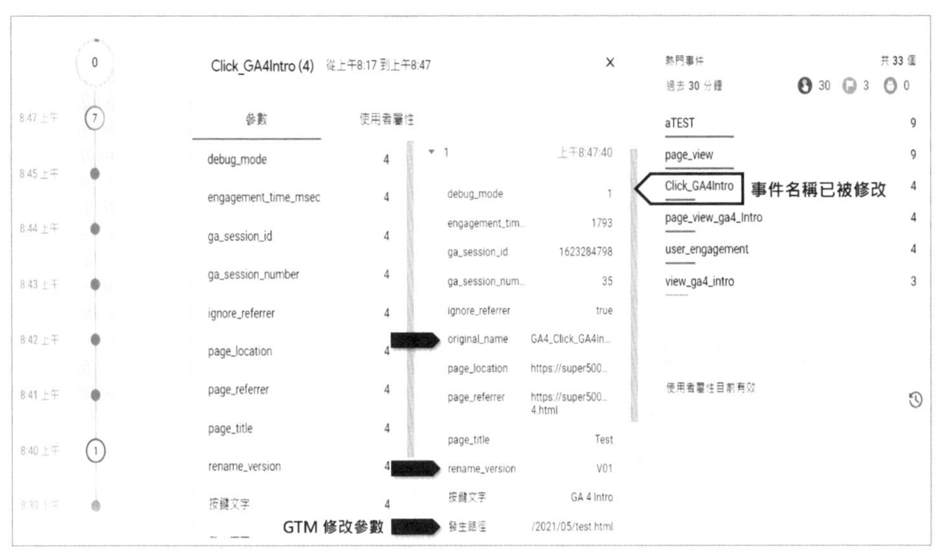

圖十、以 DebugView 檢視事件修改的結果

7-4 以 GTM 安裝通用版 GA 點擊事件

既然我們已經成功的用 GTM 安裝了 GA 4 的事件，那不如就在通用版 GA 上也來安裝同樣的事件。雖然兩者的事件結構不同，但流程與邏輯幾乎一樣，抬腳半步就可以跨過去了。而且，短時間內我們可能是要兩者並用，監測相同的訪客互動，同時觀察兩者收到的數據，比較其差異，相互驗證，未來如果要全面換軌，心裡也比較有個底。

7-4-1 安裝代碼

由於在 GTM 中，安裝通用版 GA 的事件代碼，與安裝 GA 4 事件代碼的流程邏輯完全一樣，同樣是設定代碼、編輯內容、設定觸發條件，然後發布。所以我們在此就不重複流程，直接進入代碼的內容設定。

通用版 GA 代碼類型只有一個，不像 GA 4 分成「GA 4 設定」與「GA 4 事件」，所以就直接選用即可 (參見圖十一)。

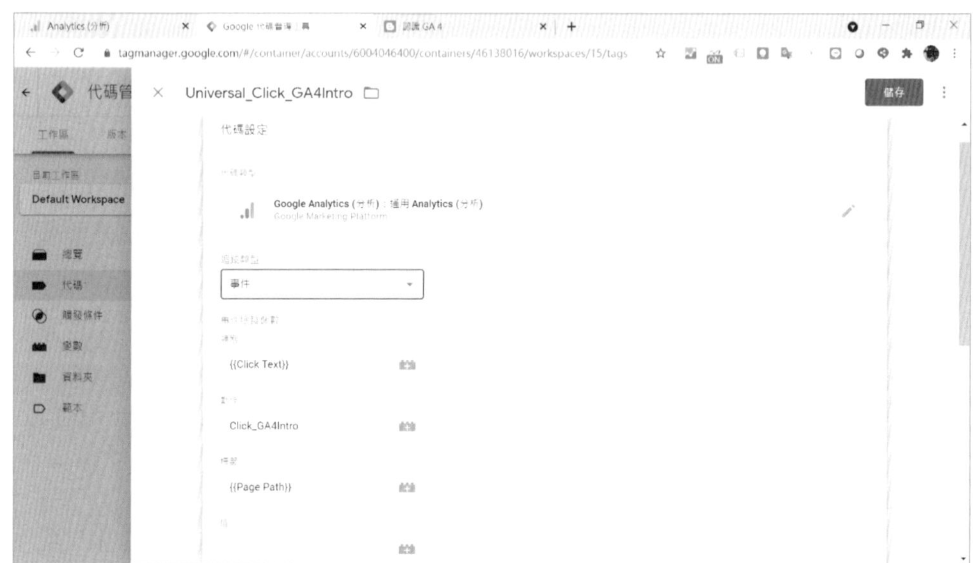

圖十一、通用版 GA 事件代碼設定

首先，不要忘了將「未命名代碼」以自訂的代碼名稱取代，我們就依照之前的原則，將代碼命名為「Universal_Click_GA4Intro」。

接下來，因為我們要安裝的是「事件」，所以就在「追蹤類型」拉選框中，選擇「事件」。選定後，底下就會出現事件的設定項目。通用版 GA 的事件沒有名稱，只能設定四個固定的項目，分別為三個維度「類別」、「動作」、「標籤」，和一個指標「值」。這和 GA 4 完全開放自訂「事件名稱」與「事件參數」的直觀結構相比，就可以看出後者的彈性與技術優越性。

雖然這裡沒有事件名稱的欄位，但為了作業方便，其實 GA 官方早就建議在通用版 GA 中，為事件「動作」這個維度設定為不會重複的唯一值，其實，就是將其視為「事件名稱」的意思。這裡我們就將「動作」設為和 GA 4 修改後事件一致的名稱「Click_GA4Intro」。

以上這四個參數中，「類別」和「動作」是必填。「動作」已經以事件名稱設好了，接下來就拉選變數，將「類別」拉選變數「Click Text」，顯示點擊的文字標記；將「標籤」拉選變數「Page Path」，記錄這個點擊事件發生的網頁路徑。「值」可以記錄數值型的常數或變數，我們這裡沒有特殊需要，就先略過。

把畫面向下捲動，就會看到底下還有兩個輸入框 (參見圖十二)，第一個叫做「非互動命中」，「命中」兩字是英文「hit」翻譯過來的，就是「點擊」的意思。我們可以透過這個設定，決定事件是否為「互動性事件」。屬性名稱叫做「non-interaction 非互動」，預設值為「False」。非互動為假，所以事件的預設屬性是「互動」。如果決定將這個事件設為非互動，就要將非互動屬性設為「真」。

最後的 Google Analytics(分析) 設定，要填入通用版 GA 的追蹤碼編號，但因為前一個基本追蹤的代碼設定時，我們已將 TID 存為變數了，所以只要套用變數，不需要再去 GA 複製一次追蹤碼編號。

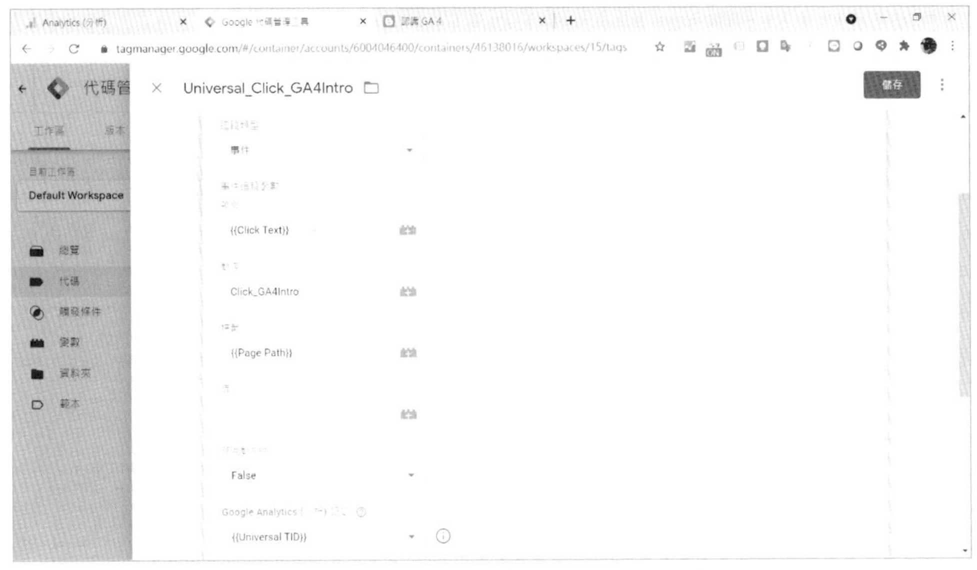

圖十二、通用版 GA 事件代碼設定 (續)

以上事件的部分執行完畢以後，到下方「觸發條件」區，新增觸發條件。這裡觸發條件，不需要重新設定，直接套用先前為 GA 4 設好的 Click_GA4Intro 即可 (參見圖十三)，完成後就將這個代碼發布。

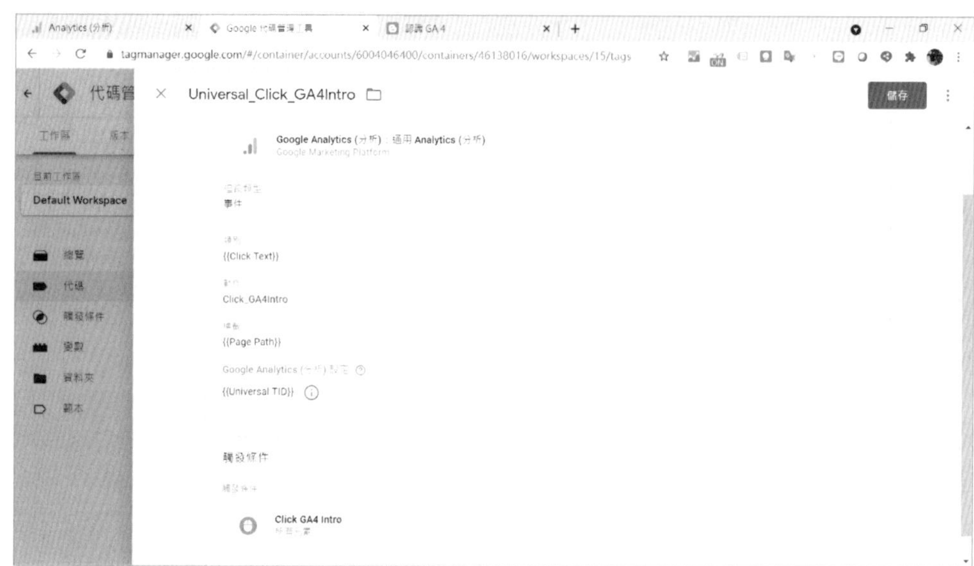

圖十三、設定完畢的通用版 GA 點擊事件代碼

7-4-2 檢查通用版 GA 點擊事件安裝成果

事件發布之後，我們到實驗網站，重新瀏覽並執行目標連結的點擊，再進入通用版 GA 的即時報表，選擇「事件」，看到以下的畫面，就表示事件設定成功了。

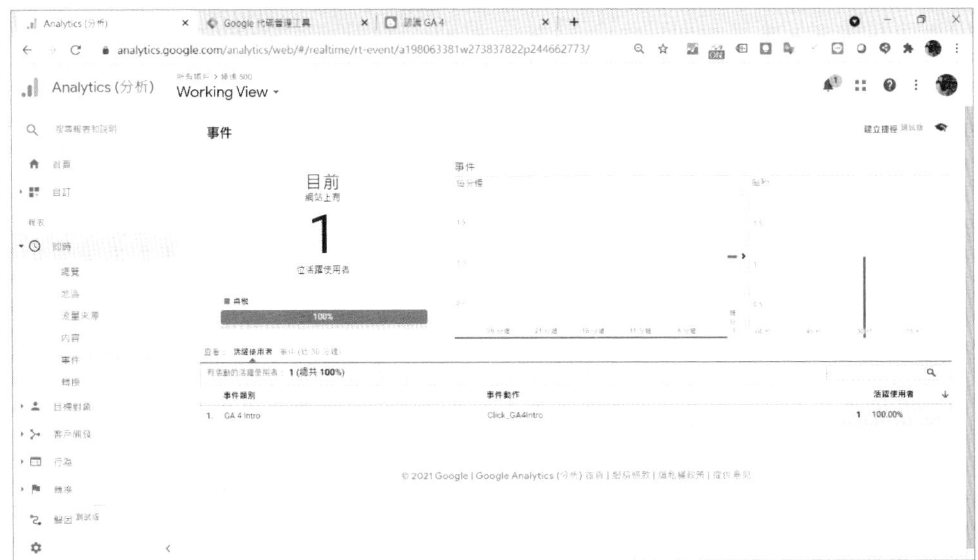

圖十四、以通用版 GA 即時報表檢視點擊事件安裝成果

7-5 通用版 GA 與 GA 4 事件的結構差異

通用版 GA 的事件，四個設定項已經預設為維度 (類別、動作、標籤) 和指標 (值) 了，使用的時候，可以直接在標準報表或自訂報表的維度 / 指標中拉選，也可以直接匯出，非常方便，但是想要做一些深度的變化，就比較困難。

相對於此，GA 4 的事件有高度的彈性，但是收集到的參數，只是數據原料，如果想要以維度 / 指標的形式在報表呈現，還需要透過自訂維度 / 自訂指標，將文字參數設為維度；數字參數設為指標，之後才能在報表的維度 / 指標欄中拉選。

比較通用版 GA 與 GA 4 的事件數據結構，就是一個典型「功能」和「方便」難以兩全其美的完美範例。

Chapter

8

實作計畫之三：以 GTM 安裝旋捲事件

8-1 關於頁面旋捲事件

8-1-1 旋捲深度 (Scrolling Depth) 的重要性

在追蹤訪客互動時，「閱讀」是一個難以辨識的動作，除非開啟用戶端攝影機，監視他的視角，但這是不現實的想像，先不要說技術上有沒有可行性，基於隱私權的人性考量，大概也沒有多少人願意這樣被監視。

退而求其次，就發展出了追蹤游標位置的熱力圖 (Heatmap) 技術，這個技術的基本假設是訪客在瀏覽網頁時，會習慣性的移動游標，所以記錄游標停留的位置，再依各位置游標出現的密度，繪製成熱力圖的型式，就可以知道網頁的哪一部分被瀏覽的機會較大。

Heatmap 當然有它的用途與優勢，但由於需要比較多的技術資源，而且現今網站設計趨向簡約，在畫面上佈放大量訊息，需要精準追蹤訪客眼球位置的的設計模式，已經退流行了。尤其，行動裝置流量占比越來越高，Heatmap 對於行動裝置螢幕的訪客行為監控能力較低。再加上 Heatmap 產出的是類比圖像，對判讀者經驗的倚賴度高，如果要設計成可以自動判讀的數位化指標，還需要經過轉換。因為以上種種原因，Heatmap 的使用並沒有非常普及。

相較於不定向的移動游標，單一軸向的旋捲，也是訪客很自然的動作，除非網頁只有一屏的長度，否則，透過追蹤旋捲深度，就可以概略判斷出訪客與網頁的參與度，這樣做的技術需求降低很多，也有一定的效度，性價比頗高。尤其是以行動裝置瀏覽網頁，視覺素材被窄長化，單螢幕容納資訊有限，利用旋捲深度，來判斷訪客參與程度的辨識能力就更高了。

對於行銷人員來說，如果能夠機動性針對特定的目標網頁，追蹤旋捲深度，然後用量化的方式加以統計、分析，對於認識訪客，探索市場反應，會有很大的幫助。

8-1-2 GA 4 加強型評估中的旋捲事件 (scroll)

GA 4 的加強型評估中，就設有一個名為 scroll 的事件，追蹤訪客的旋捲深度。這個事件，將旋捲深度的數值，以百分比為單位，記錄在參數 percent_scrolled 中。

雖然這是由系統設定的事件，使用起來很方便，但會追蹤網站內所有網頁。而在實務上，我們不太可能對網站內所有網頁的訪客旋捲，都有興趣。一般來說，只會針對特定的目標網頁，執行旋捲深度追蹤。

因為 scroll 事件同時也有附掛 page_location、page_title 等足資辨識網頁的參數，所以只要使用前面學過的「建立活動」功能，就可以另建只追蹤特定頁面的新事件，而達到我們的目的。

但是，GA 4 的 scroll 事件有一個小小的盲點，就是旋捲深度預設為固定值，只能追蹤 90 % 的旋捲，如果打開 percent_scrolled 參數，只會看到 90 一種數值。我們不能預料未來 GA 4 會不會增加更多追蹤旋捲深度的彈性設計，但在目前如果我們想要追蹤不同的旋捲深度，只用 GA 4 的 scroll 事件，是辦不到的。

GTM 也早已認識到旋捲深度的重要性，在 2017 年，繼「點擊」之後，第二個推出的自動接聽器，就是針對旋捲深度。GTM 的旋捲追蹤，彈性就比 GA 4 預設的事件 scroll 大得多。下面我們要執行的任務，就是使用 GTM 來安裝符合我們彈性需要的旋捲事件追蹤。

8-2 任務說明

在這一章的實作中，我們打算使用 GTM 的自動事件工具，建立一個 GA 4 的旋捲事件代碼，同時追蹤旋捲深度達到網頁 25%、50%、和 75% 三種不同的深度。

接下來，我們再考慮如何在報表中呈現的問題，因為事件的旋捲深度是以數值變數記錄的，我們還希望把它改為對應的文字陳述，便於使用者理解其商業意義。

所以，我們還要用「修改活動」功能，將旋捲事件記錄的旋捲深度數值，改為文字的等級說明。再將此文字格式的參數，設定「自訂維度」，然後在報表中以維度拉選，就可以達到我們的分析目的了。

8-3 以 GTM 建立 GA 4 旋捲事件代碼

8-3-1 啟用變數

首先，我們要啟用 GTM 預設的旋捲變數，進入 GTM 容器管理首頁，在左側主選單選擇「變數」，點擊「內建變數」區右上方的「設定」按鍵，開啟「設定內建變數」選單，往下拉捲，找到「捲動」分類，在這裡看到三個選項，分別是

- Scroll Depth Threshold 頁面旋捲百分比
- Scroll Depth Units 頁面旋捲 Pixel 值
- Scroll Direction 頁面旋捲的 縱 / 橫 方向性

我們只打算追蹤縱向旋捲的百分比，所以勾選第一項 Scroll Depth Threshold 就可以了。

勾選後，關閉「設定內建變數」選單，就可以看到 Scroll Depth Threshold 這個變數，出現在「內建變數」清單上了。

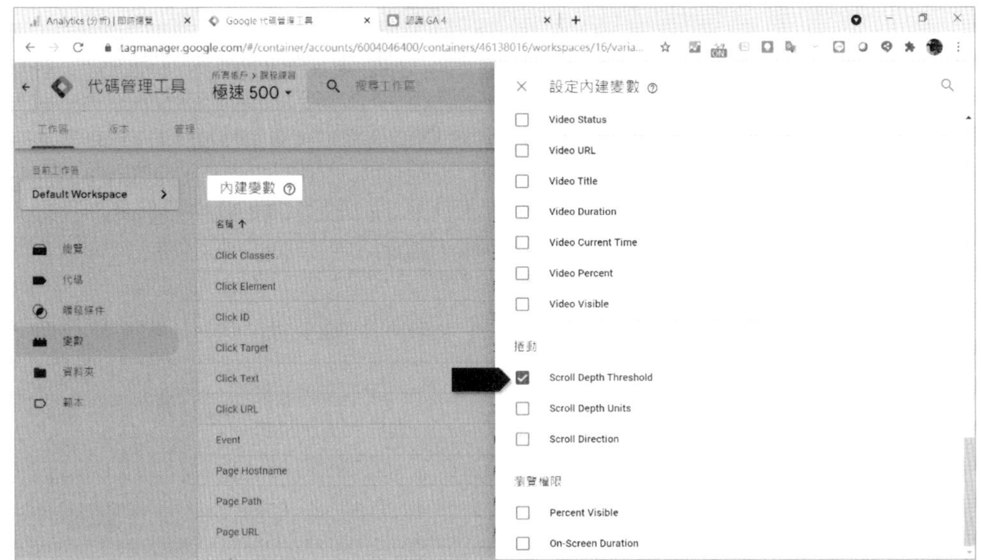

圖一、啟用內建變數 Scroll Depth Threshold

8-3-2 編輯代碼

執行程序不再重複，我們直接進入代碼的內容 (參見圖二)。

首先當然是為代碼命名，根據之前的命名原則，名稱要包含 GA 版本、事件類別、事件目的，如果我們要設定的是一個追蹤單一旋捲深度，譬如說 50% 的事件，那麼最好把這個目的 50 也放在名稱中。但我們現在計畫要將所有需要追蹤的旋捲深度，用一個事件來處理，所以這個事件的位階就提升了一層，可以視為一個集合，因此命名也提高一層，就叫做 GA4_Scrolling，不帶旋捲深度的值。

以上對於代碼命名的說明只是一種思考方向而已，大家不一定要照著做，但是一定要記得，系統性的命名很重要。否則，未來的維護會很麻煩。建議在開始階段，就根據實際的情境與需求，仔細規劃後，訂定出周延的命名系統。

「代碼類型」就選擇「GA 4 事件」

「設定代碼」輸入框，只要拉選之前設定的 GA 4 基本追蹤代碼「GA 4 Basic」，就與評估 ID 建立了連結，也就間接與 GA 4 資源聯繫起來了。

「事件名稱」只會出現在 GA 4 報表，因為與通用版 GA 資源是完全分開的，所以名稱不需要贅附「GA 4」以資區別。

但為了與加強型評估中預設的事件 scroll 加以區分，所以略做修改，叫做「scrolling」。

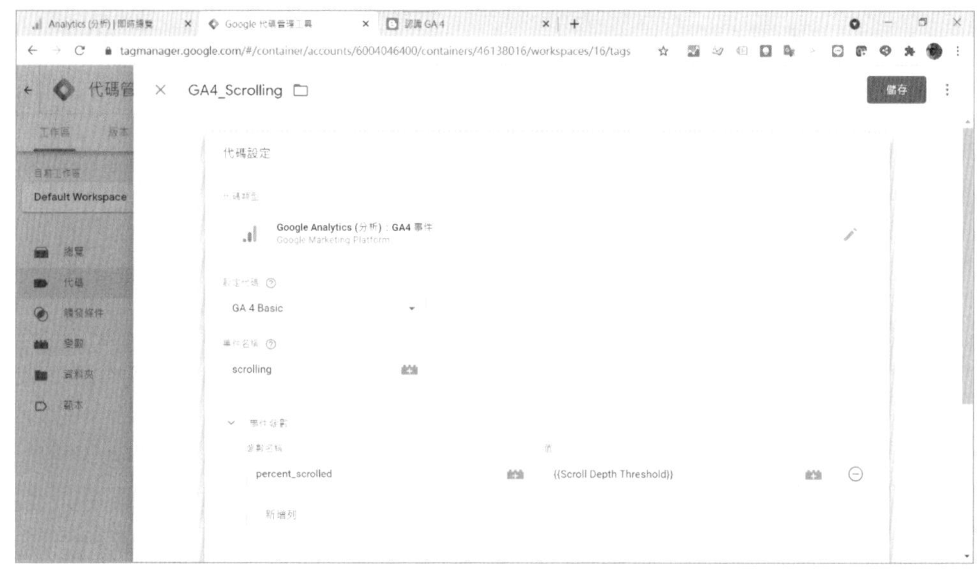

圖二、編輯代碼與參數

8-3-3 附掛參數

最後來附掛「事件參數」，我們想要把關鍵的旋捲深度帶入，在這裡可能要考慮得多一點，因為加強型評估預設的 scroll 事件，已經有一個旋捲深度的參數，我們如果想要把這兩個事件，收集到的旋捲深度加以整合，就採用相同的參數名稱。如果想要區別兩個事件，也可以訂定不同的參數名稱。

在這裡我們打算採取「整合」策略，所以將「參數名稱」定為與 scroll 事件的旋捲深度參數名稱一致，叫做 percent_scrolled。「參數值」則拉選先前啟用的內建變數，結果以變數格式呈現為 {{Scroll Depth Threshold}}。

8-3-4 設定觸發條件

目前在「選擇觸發條件」清單中，並沒有適用的條件可選，所以點擊畫面右上角的「+」號，開啟「觸發條件設定」畫面。

首先，不要忘了修改左上角標題「未命名的觸發條件」，為觸發條件命名。名稱就和「事件名稱」一樣，叫做「scrolling」，因為觸發條件可以和通用版 GA 共用，當然就不需要加註 GA 版本的訊息了。

點擊「觸發條件設定」右上角的筆狀編輯圖標，開啟「請選擇觸發條件類型」選單，往下拉選到「使用者參與」分類，選擇「捲動頁數」。

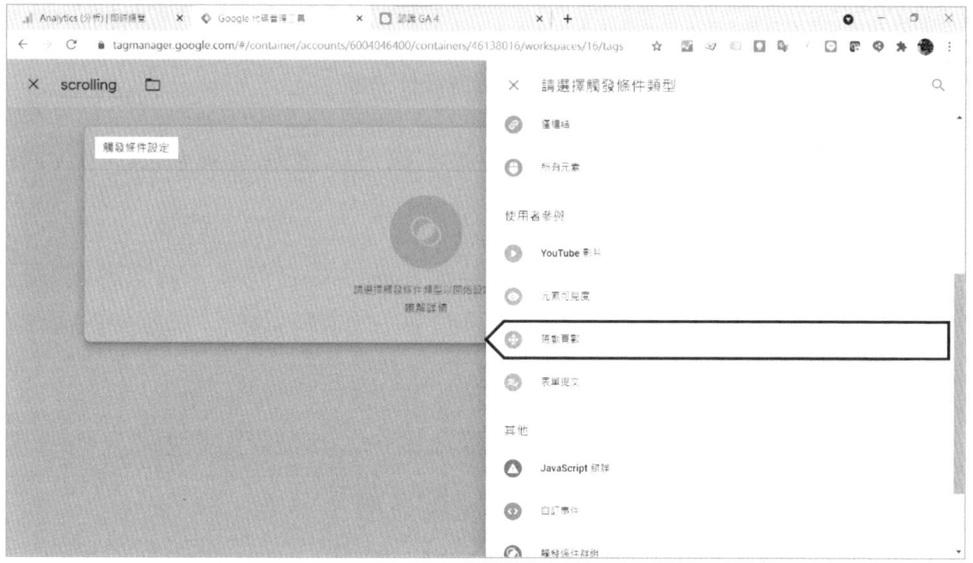

圖三、選擇觸發條件類型

選定「觸發條件類型」為「捲動頁數」以後，下方可以選擇「垂直」和「水平」兩個捲動方向，範例中，我們沒有設計水平捲動，所以就勾選「垂直捲動頁數」。

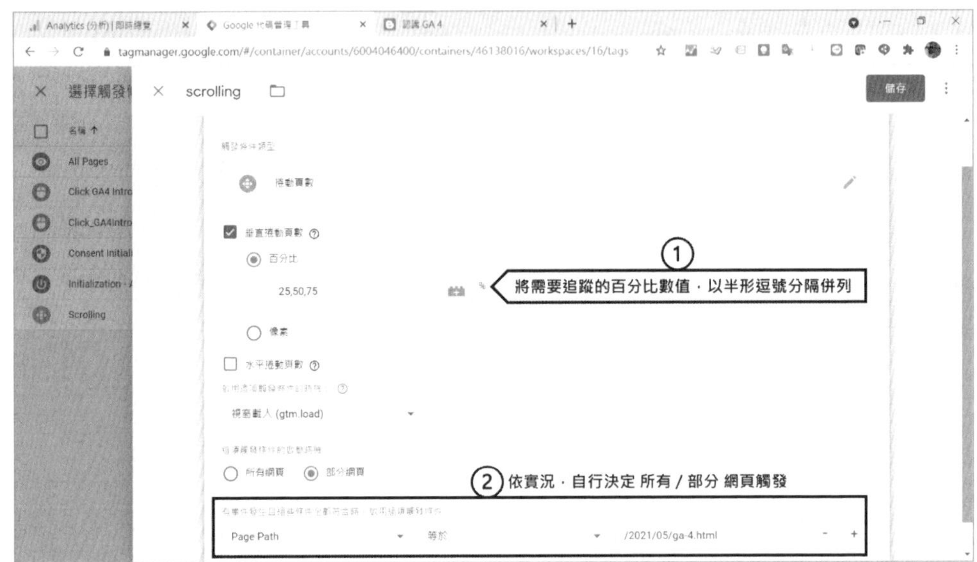

圖四、設定觸發條件內容

旋捲深度可以選擇頁面長度百分比，也可以選擇像素 (Pixel) 絕對數值。兩者各有適用的應用情境。

如果是針對特定的活動頁，想要追蹤明確的頁面定點，則透過網頁設計單位，取得準確的定位數據，以像素位置當作觸發條件，是比較精確的作法。

但如果是一般性的追蹤訪客瀏覽深淺度，尤其是針對長短不一的所有網頁，則用像素絕對值當作觸發條件反而容易誤判。

我們在範例中，選擇以頁面旋捲比例來觸發，所以勾選「百分比」，在百分比輸入框中，可以同時輸入以逗號分隔的多個數值。

觸發條件的時機就用預設的「視窗載入」，這個選項可以適合大部分的情況，我們就不對技術細節展開。

最後，還要決定追蹤的目標包含哪些頁面。對於大型網站來說，追蹤所有網頁的旋捲深度，是不合實際的做法。所以，針對性的設定路徑 = 單一網頁，或以「包含」設定一群網頁當作目標，都需要事先考慮清楚。範例中，我們就選擇以「認識 GA 4」單一頁面的路徑，當作條件。

由於 GA 4 提供了「建立活動」以及「修改活動」的功能，讓使用者在收到 GTM 代碼傳送過來的事件以後，還有機會加工處理。所以，我們究竟要在 GTM 就設定精準條件只收集需要的資料，還是在源頭放寬條件，以儲備的概念獲取較多的數據，然後回到 GA 4 報表中，再依需要彈性調整。這兩種做法沒有標準答案，只要符合實況需求，能解決商業問題，都是對的做法。

8-3-5 檢視結果

完成上一小節的設定，最後儲存、發布，旋捲事件就可以開始作用了。

我們先到實驗網站，開啟目標頁面「認識 GA 4」，向下旋捲到底，然後回到 GA 4 資源的報表區，開啟即時報表，在「事件計數」區，可以看到事件 scrolling，點選後，找到參數「percent_scrolled」，開啟參數後，就可以看到不同旋捲深度，分別觸發事件一次，各自收集到參數值 25、50、75。

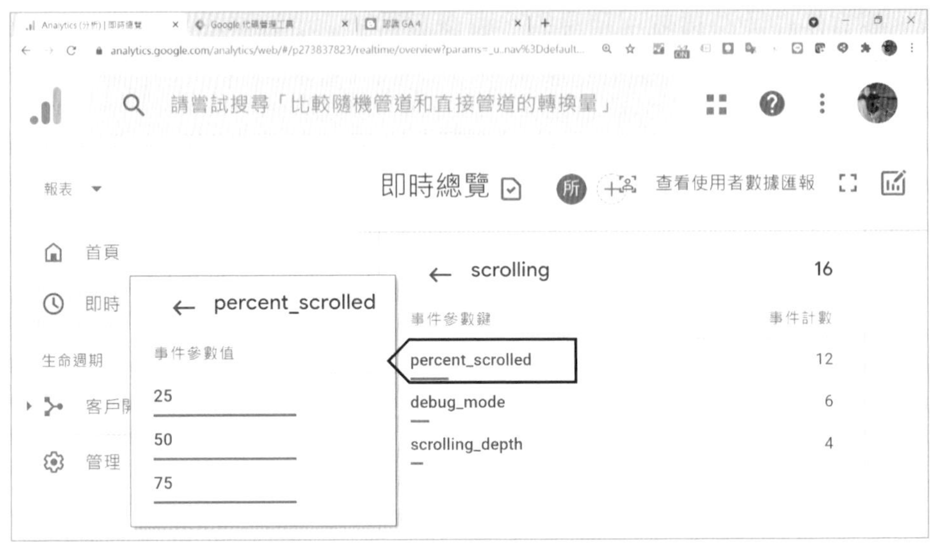

圖五、以即時報表檢視旋捲事件

我們在 GTM 設定這一個事件 scrolling 時，只附掛了一個參數，但是在 GA 4 報表中，卻在這個事件下，看到十餘個參數，這表示 GA 4 有一套自動參數系統，我們在此不一一介紹這些參數，大家可以在使用中，逐一去瞭解它們。

8-4 以「修改活動」變更事件

8-4-1 以文字說明取代數值門檻

接下來，我們要再次使用「修改活動」這個功能，模擬的情境是當我們收到 GTM 設定的事件 scrolling，發現旋捲深度是以系統變數 Scroll Depth Threshold 的數值來表示，如果不是負責設定者，未必能理解 25、50、75 的含意。所以為了對使用者更友善，我們希望在報表中，以參與深度的概念，改用更明確的文字「淺度旋捲」、「中度旋捲」、「深度旋捲」來替代這三個數字。另外，以「旋捲到底」來替代事件 scroll 中預設的旋捲深度 90。

8-4-2 「修改活動」流程與設定

在 GA 4 資源的報表區，左側功能選單中選擇「事件」，開啟「現有事件」清單，左上角會看到「修改活動」和「建立活動」兩個功能按鍵。關於這兩個功能的差異，前面已經介紹過，也都分別使用過。

我們因為想要改變參數值的顯示，所以就用「修改活動」，點擊「修改活動」，開啟「修改事件」視窗，按左上角的「建立」開始修改事件的程序。

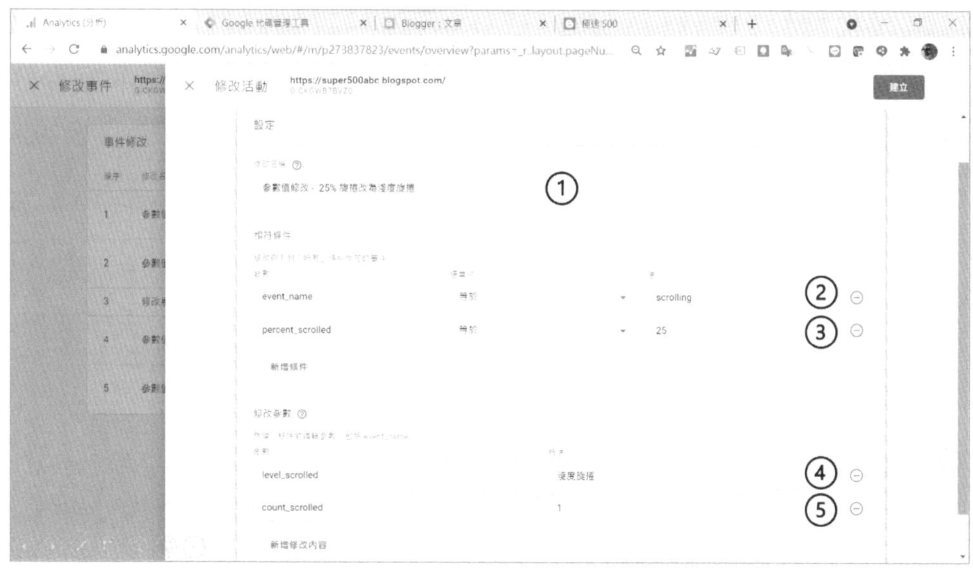

圖六、以「修改活動」新增參數

這裡的「修改名稱」。不是系統資訊，而是給人看的註記，所以儘可能用口語描述清楚，日後維護、管理都比較方便。

首先修改的是 25 % 旋捲，用口語表述「相符條件」，就是「旋捲深度 25 % 的 scrolling 事件」，翻譯成系統語言，就是以下兩個條件：

- event_name = scrolling
- percent_scrolled= 25

至於符合以上條件的事件，要修改什麼？這裡就有一些考慮，我們可以直接修改參數，將 percent_scrolled 改為「淺度旋捲」。但前面特別說明過，「修改活動」所做的任何變化會覆蓋原始資料，所以如果我們這樣做了，之後因為其它目的，想要用到「25」這個原始參數值就不可能了。

我們因為後面可能還要用到 percent_scrolled 這個原始參數值，所以選擇增加另一個參數，而不是覆蓋原始參數的方式。在「修改參數」的設定中，新增一個自訂名稱的參數「level_scrolled」，值則為文字常數「淺度旋捲」。

而因為各種旋捲深度，都是來自同一個事件 scrolling，我們如果只計算事件發生幾次，無法判別各種深度的旋捲發生幾次，為了計算各個旋捲深度的發生次數，我們在這裡再增加一個數值參數 count_scrolled，值就訂為「1」，以後只要計算這個參數的加總，就知道這個旋捲深度發生了幾次。

所以，我們就新增以下兩個參數：

- level_scrolled = 淺度旋捲
- count_scrolled= 1

設定好之後，按右上角的「建立」，修改活動就完成了。

接下來，我們還要分別修改旋捲 50% 和 75% 的事件，設定 level_scrolled 參數為「中度旋捲」及「深度旋捲」。由於程序和前一個「淺度旋捲」完全一樣，只有部分內容不同，所以我們可以開啟已經修改好的「淺度旋捲」，按右上角的「更多」，以「複製」建立副本後，再來分別調整內容，可以節省很多時間。

最後，再以同樣的方法，把加強型評估的預設事件 scroll，符合旋捲 90% 的條件下，增加同樣的參數 level_scrolled =「旋捲到底」，以及數值參數 count_scrolled=1。

8-4-3 檢視結果

瀏覽並旋捲網頁幾次，然後到熟悉的即時報表中，檢視「事件計數」區，從 scrolling 和 scroll 這兩個事件中，看到有一個共同的參數 level_scrolled。展開這個參數，我們所做的設定，都在參數值中出現了。

圖七、從即時報表檢視「修改活動」的結果

8-5 將比較深的旋捲事件設為轉換

最後，如果們我要將「旋捲到底」與「深度旋捲」設為轉換，前者因為是來自獨立的事件 scroll，所以只要在「現有事件」清單中，將「標示為轉換」的開關打開，就可以了。

後者因為是 scrolling 事件中，三個觸發條件之一，如果直接將這個事件設為轉換，就會將旋捲 25% 與旋捲 50% 一併計入，列為轉換，但這顯然不符合我們的需求。

這樣的情境，我們可以用「建立活動」，符合 scrolling 事件旋捲到 75% 的條件時，就新增一個事件 scrolling75，然後將這個新增的事件，設為轉換。

我們也可用「修改活動」，符合 scrolling 事件旋捲到 75% 的條件時，除了增加前述的兩個參數以外，並將 event_name 改為 scrolling75，然後將這個名稱的事件，設為轉換。

以上兩者都可以達到我們的目的，但如果我們是用「修改活動」功能，則原始事件「scrolling 」中，「旋捲 75%」的記錄就不會再出現了。

Chapter

9

自訂維度 Custom Dimension 與自訂指標 Custom Metrics

在 GA 4 的資料模型中，以「事件」來收集所有訪客互動留下的數位足跡，有一點像提著菜籃到市場買菜。如果沒有根據預定的菜單，把生鮮材料買齊，當然整治不出一桌筵席；但即使食材都買到手了，還是不能直接上桌，要透過複雜的烹調過程，轉化為一盤一盤的美食，才能供食客享用。

以「事件」收集到的數據，就是我們想要以量化的方式，來解答商業問題的生鮮材料。但要能夠在圖、表中，以有意義的方式呈現，還要經過數據結構整併的過程，轉化為「維度」與「指標」以後，才能納入商業報表的框架，產出適合決策人員判讀的高階圖、表形式。

在商業數據分析的領域中，「數據結構」是一個很複雜的課題，不僅要考慮數據源、數據關聯性、存放數據的平台、處理的技術，還要承擔解答商業問題，為商業對策提供有力支撐的使命。如果要全面展開，那可能是另外好幾本書的規模。本書僅針對 GA 4 的終端使用者可執行的深度，秉持「從實作理解概念」的一貫原則，帶大家走一遍從事件到報表的完整數據流程。GA 4 慷慨的提高了使用者管控數據的自由度，而唯有充分瞭解數據流程，才能享用這份慷慨帶來的真實效益。

9-1 數據流程

9-1-1 通用版 GA 的數據流程 –「維度」與「指標」限定

在通用版 GA 中，開放給使用者自訂的空間有限，系統預處理了大部份數據結構的問題。雖然，也有開放「事件」設定，給使用者收集預設範圍以外的數據，但設定範圍被預設的框架所限制，不能為所欲為。這樣的設計，優點是方便好用，但彈性不足的缺點也顯而易見。

通用版 GA 中的事件，是多種 hit 形態中的一種，沒有唯一的事件名稱，參數名稱也不能自訂。只能將收集到的資料，傳送到預設好名稱的三個維度「類別」、「動作」、「標籤」，和一個指標「值」名下。然後，在報表中以這三個維度和一個指標來呈現。

除了事件以外，GA 在更早期的時候還有兩個自訂功能，叫做「自訂變數」與「使用者定義」，由於技術限制較多，設定邏輯比較扭曲，使用起來十分不便，後來都廢除了，但遺跡還沒有清除，目前在通用版 GA 中，還可看到這兩個選項。

這兩個功能廢除後，通用版 GA 改推出明確定義的「自訂維度」與「自訂指標」，讓使用者將想要以維度或指標呈現的變數，直接以自訂的維度或指標名稱，收錄進來。

自訂維度時，除了維度名稱以外，還需要指定維度的範圍（Scope），GA 的維度範圍，共有四個層級：

- **點擊層級（hit）：**
  每一次訪客互動產生的屬性，如「網頁」
- **工作階段層級（session）**
  延伸到完整工作階段的共同屬性，如「來源」
- **使用者層級（user）**
  跨越工作階段，延伸到同一使用者的共同屬性，如「性別」
- **產品層級（product）**
  產品的共同屬性，如「顏色」

而「自訂指標」則只有點擊層級與產品層級兩種範圍。

綜觀以上通用版 GA 的「事件」與「自訂維度 / 自訂指標」，都是直接將收集到的系統變數，整併為報表框架中的「維度」與「指標」，並沒有一個中繼存取變數的容器。對於一個應用工具而言，這樣的確可以省掉很多解釋的麻煩，但卻也犧牲了數據的彈性。其中最明顯的一個差別，就是 GA 4 中的「事件」以「參數」來收集變數，有了這一個中繼容器，GA 4 的「建立活動」功能，才得以讓使用者從「現行事件」中，再次提取儲存在「參數」中的變數資料，加以編輯包裝，靈活運用，產出新的事件。而通用版

GA 的「事件」，因為是直接將變數納入維度，所以就沒有二次利用變數的彈性了。

9-1-2 GA 4 的數據流程 – 凡事皆事件

這裡再多一句嘴，GA 中看到的「事件」與「活動」，原文都是「Event」，指的是同一件事，只是中文翻譯沒有統一。

GA 4 與通用版 GA 最基本的差異，就是採用了「事件導向 (Event Driven)」數據模型，一切訪客互動，都先以「事件」，收錄到數據模型中。而「事件」的結構，則設計為底層的最簡「名稱 / 參數」組合，以「一個事件名稱，附掛多個參數」的形式，讓使用者收集「原料級」的資料，收集到手以後，再來考慮後續的加工應用。

這樣的結果，就是可以隨時再處理每一個資料點收集到的變數，應用彈性當然就大幅增加，但伴隨而來的代價，就是「再處理」的程序，還要多費一番功夫。

GA 4 事件的初階應用，就是我們在前面的「流量開發」報表中看到的，可以在「事件計數」和「轉換」欄中，拉選單一事件，檢視事件發生的次數。而如果要進階應用，則要執行「自訂維度」與「自訂指標」，才能更進一步的分析以「參數」收集到的變數。

在通用版 GA 和 GA 4 中，「自訂維度」與「自訂指標」的名稱與最終型態非常類似，但中間的數據流程，GA 4 多了一步從「事件收集」到「自訂維度 / 自訂指標」的轉化過程，以下就是對這一個過程的詳細說明。

9-1-3 GA 4 的事件

每一個訪客互動，可能還有很多相關的訊息會伴隨產生，譬如說，訪客開啟了一個頁面，我們用開啟頁面的信號，觸發一個「page_view」事件，但在此同時，還有很多其它的資訊同時也產生了，例如：開啟的這個頁面網址為何？開啟此頁面之前，上一個瀏覽頁面的網址為何？

我們覺得這些資訊也很有用，就用參數 page_location 和 page_referrer，分別把這兩個資訊也收集起來，附掛在 page_veiw 事件的後面。如果以資料科學的語言來講，就是在記錄訪客互動的同時，註記更多的屬性，或是加貼更多的特徵標籤。

我們在前一章的範例中設定的旋捲事件，數據結構也和瀏覽頁面是一樣的，當訪客旋捲了一個頁面，並達到深度門檻 25 % 時，就觸發一個事件 scrolling。而如果訪客繼續往下旋捲，到了 50 %，又會再次觸發同一個事件，旋捲到 75 % 時，還會再觸發一次。由於三次觸發的事件，名稱都相同，如果不加註更多的細節，三個事件就無法分辨，所以我們就在每一次觸發 scrolling 事件的時候，將當時的旋捲比例，記錄在參數 percent_scrolled 下。

而因為有了這一個旋捲深度的參數，我們就可以用 GA 4 內建的「修改活動」功能，對應 percent_scrolled 以數值記錄的旋捲深度，轉譯為文字格式的說明，並記錄在另外一個新增的參數 level_scrolled 下。

我們還設計了一個計數器功能，伴隨每一次觸發旋捲事件，就以常值「1」記錄在參數下，以後只要把這個參數的值加起來，就知道事件被觸發了幾次。

上面我們提到的兩個事件，其中 page_veiw 是 GA 4 自動設定的事件，名稱均由系統預先決定。而追蹤網頁旋捲的 scrolling，則是自訂事件，事件名稱和參數名稱，都由我們任意訂定。

接下來，我們就想要以這些收集到的參數值，執行更深層的分析。以 scrolling 事件為例，在「事件參數」中記錄的旋捲深度與計數器，都無法直接在報表中呈現。還需要經過再處理，將類別型參數設為「維度」，數值型參數設為「指標」，才能夠以變數欄位的形式出現在報表中。

後面的幾個小節中，我們就來實作一次「自訂維度」、「自訂指標」，最後，再透過報表來檢視這些維度、指標，這樣大家對整個數據流程就會很清楚了。

9-1-4 GA 4 的維度範圍 (Scope)

前面解釋過通用版 GA 的四個維度範圍，最底層的「hit」層級，中文翻譯為「點擊層級」。但其實這是「一次訪客互動」的意思，並不局限於字面的「點擊」互動，以「點擊」為名，文意有點混淆。

因為 GA 4 是以「事件」當作最底層的訪客互動記錄，所以最底層的維度範圍，以「事件層級」為名，實際上，就對應於通用版 GA 的「點擊層級」，只是名詞不同而已。

GA 4 目前還在發展中，自訂維度暫時只開放「使用者」與「事件」兩個層級。根據官方文件的說法：「目前不支援『工作階段』和『項目』範圍，但這兩個範圍已納入我們的發展藍圖」(up to 2021/06/13)，表示 GA 4 對於要怎麼處理複雜的數據結構，還沒有定案。

GA 4 中的「項目」，就是通用版 GA 中的「產品」。

9-2 自訂維度

9-2-1 GA 4 自訂維度與指標限額

通用版 GA 只允許自訂 20 個維度 (不分範圍，加總計算)，與 20 個指標。而 GA 4 則大方多了，事件層級的維度與指標，各有 50 個配額。另外，使用者層級的維度，還有 25 個配額。

9-2-2 任務說明

我們在前一章中，自訂了一個追蹤旋捲的事件 scrolling，在這個事件中，有一個名為 level_scrolled 的參數，以文字標籤「淺度旋捲」、「中度旋捲」、「深度旋捲」當作參數值，記錄 25%、50%、75% 三種不同的旋捲深度；而另外還有一個系統自動設定的事件 scroll 中，我們也使用「修改活動」功能，為其增加了同名參數 level_scrolled，附掛以文字標籤「旋捲到底」，記錄這個事件唯一追蹤的旋捲深度 90%。

在 scrolling 和 scroll 這兩個事件中，我們也都建立了一個參數 count_scrolled 當作計數器，每次觸發事件，參數會記錄常數值「1」。

我們現在想要自訂一個「維度」，叫做 Scrolling Level，以參數 level_scrolled 收錄到的旋捲深度當作維度值。

另外，再自訂一個「指標」，叫做 Scrolling Count，以計數器參數 count_scrolled 收錄到的常數值當作指標值。

<table>
<tr><th colspan="4">數據原料：事件 / 參數</th></tr>
<tr><td colspan="2">事件</td><td>scrolling</td><td>scroll</td></tr>
<tr><td rowspan="2">參數 1</td><td>參數名稱</td><td colspan="2">level_scrolled</td></tr>
<tr><td>參數值</td><td>淺度旋捲 (25%)
中度旋捲 (50%)
深度旋捲 (75%)</td><td>旋捲到底 (90%)</td></tr>
<tr><td rowspan="2">參數 2</td><td>參數名稱</td><td colspan="2">count_scrolled</td></tr>
<tr><td>參數值</td><td colspan="2">1</td></tr>
<tr><th colspan="4">報表變數欄：維度 / 指標</th></tr>
<tr><td rowspan="3">自訂維度</td><td>維度名稱</td><td colspan="2">Scrolling Level</td></tr>
<tr><td>事件參數</td><td colspan="2">level_scrolled</td></tr>
<tr><td>維度值</td><td colspan="2">淺度旋捲、中度旋捲、深度旋捲、旋捲到底</td></tr>
<tr><td rowspan="3">自訂指標</td><td>指標名稱</td><td colspan="2">Scrolling Count</td></tr>
<tr><td>事件參數</td><td colspan="2">count_scrolled</td></tr>
<tr><td>指標值</td><td colspan="2">1</td></tr>
</table>

表一、事件與自訂維度、自訂指標結構

透過這一個自訂維度和一個自訂指標，我們希望可以看到以下兩個結果：

- 在 GA 4 的標準報表中，除了看到旋捲事件名稱的計數，還可以細分看到不同旋捲深度的計數。
- 針對目標頁，顯示各種旋捲深度的發生次數。

9-2-3 執行「自訂維度」

如果成功設定了必要的事件和參數，並理解了完整的數據程序，那麼，實際執行自訂維度的時候，可能會讓人驚訝於其流程的直觀與簡單。

只要從 GA 4 資源的報表區左側功能選單選擇「設定 > 自訂定義」，開啟「自訂定義」畫面後，左上方有「自訂維度」與「自訂指標」兩個標籤。

選擇「自訂維度」標籤後，點擊右上方「建立自訂維度」功能按鍵，開啟「新增自訂維度」畫面。

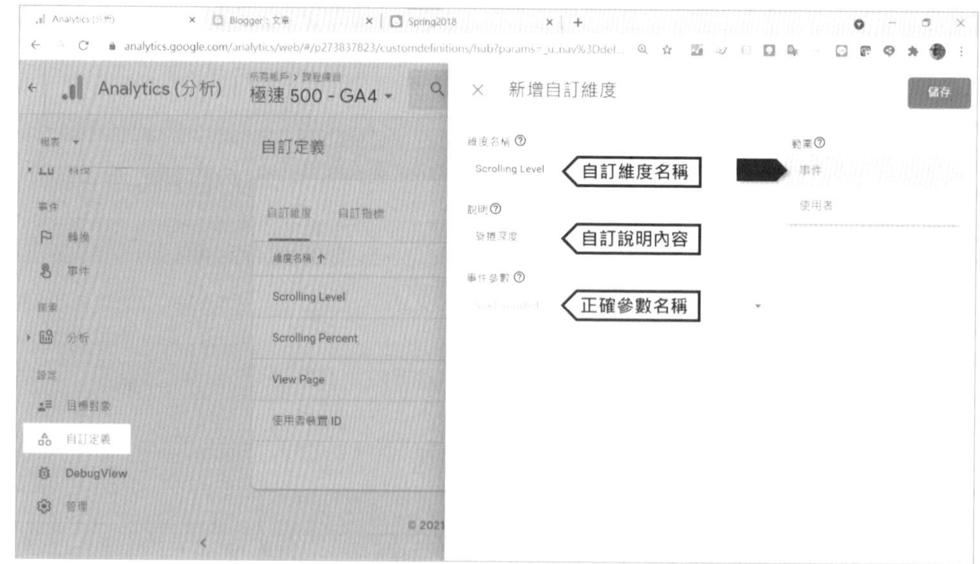

圖一、新增自訂維度

自行訂定「維度名稱」與「說明」之後，從右方「範圍」拉選框中，拉選「事件」範圍，就可以在下方「事件參數」拉選框中，選取要收錄的參數。如果因為時間差，設定好的參數還未在系統中出現，也可以人工填入，但這是系統資訊，不是給人看的說明，所以每一個字元都要完全正確，不能有任何誤差。

最後，按右上角的「儲存」，就完成「自訂維度」的設定了。

9-2-4 執行「自訂指標」

與「自訂維度」的入口相同，開啟「自訂定義」畫面後，點擊左上方的「自訂指標」標籤，自訂指標只有「事件」範圍可選之外，其餘流程概略與「自訂維度」相同，只要依指示，訂定「指標名稱」，「事件參數」選取 count_scrolled，拉選正確的「測量單位」後，按右上角「儲存」，自訂指標就設定完成了。

以上的設定過程，非常簡單，但數據結構的問題就不是那麼單純了。大家如果熟悉通用版 GA 的報表，就知道並不是所有的維度、指標組合，都可以產出報表。這之間的數據組合關聯性，一定要在真實的商業情境下，使用真實的商業數據，再去探索與驗證，才有合理性與分析價值。我們在這裡希望帶大家釐清並驗證流程邏輯，瞭解工具的使用原理，有了這些基礎，就不怕在實戰中面對各種變化的挑戰了。

9-2-5 檢視「自訂維度」結果之一：事件細分

維度設定完成後，要經過一段時間，才會看到數據出現，所以無法像事件一樣，立即用即時報表檢視結果。通常可能要等一天之後，再到報表中檢視結果。我們可以在「參與 > 事件」報表中，主維度選擇「事件名稱」，再拉選次要維度 Scrolling Level，展開與主維度的交叉分析，就可以在兩個與旋捲有關的事件 scrolling 和 scroll 下，看到以「旋捲深度」細分的結果。

圖二、在事件報表中以次要維度檢視自訂維度

上圖中，旋捲程度由淺到深，所對應事件計數依序遞減，合乎訪客陸續離開的行為模式，初步驗證數據的合理性應該沒有問題。

由於 level_scrolled 這個參數，同時存在於 scrolling 與 scroll 這兩個事件下，而我們自訂維度時，只要呼叫參數，就可以跨事件提取相關變數，無需針對每一個事件設定一次。

基本上，所有文字型的參數，都可以用來自訂維度；而數值型的參數，則可以用來自訂指標。

如果數值型的參數，只是用來記錄等級，例如我們收錄的原始旋捲深度，是以百分比數值，記錄在另一個參數 percent_scrolled 名下。雖然是數值，但商業意義是旋捲深度的等級。我們如果以這個數值參數來自訂維度，也不會有問題，最後在報表中顯示的數字，在儲存格中靠左排列，表示系統其實是以文字格式來處理的，這和 Excel 的規矩一樣，不難理解。如果我們將這種等級型的數值參數，自訂為指標，技術上當然也沒有問題，但最後顯示的結果，是旋捲百分比的加總值，反而完全沒有分析的意義。

9-2-6 檢視「自訂維度」結果之二：頁面行為

由於標準報表無法增加指標欄，所以我們使用 GA 4 資源，報表區中「探索」功能下，選擇自由格式來自訂報表。關於「探索」的操作細節，在第十一章會詳細說明。

我們如果在維度輸入框中，選擇「網頁標題」與自訂維度「Scrolling Level」，指標選擇自訂指標「Scrolling Count」，可以看出目標頁面各種旋捲深度的次數。

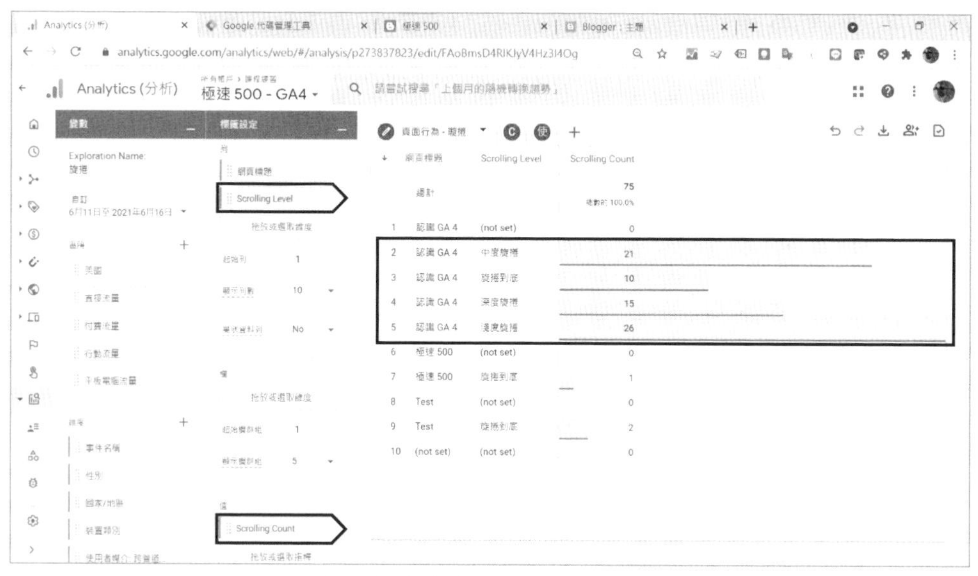

圖三、以自訂維度與自訂指標配合檢視頁面行為

在圖三中，同樣看到旋捲程度由淺到深的發生次數，依序遞減，顯示訪客在旋捲過程中，陸續離開，數據合理性沒有問題。而如果想要更進一步，知道訪客在各階段離開的比例，則可以用這個報表的數據，再加工計算出來。

9-3 「商業數據分析」工作流程

從以上這一份完成的報表中，我們回頭來整理一下，釐清商業數據分析從定義問題，進而檢討數據、擬定戰術，最後執行方案的完整流程。

在企業使用 GA 的場景中，我們最常看到的誤區就是把 GA 當水晶球，以為只要安裝了 GA，就可以告訴我們答案。但其實所有像 GA 這樣的商業數據分析工具與化學檢驗的「定性檢驗」很類似，如果你不知道想要追查的成分是什麼，那就很難追查出結果。同樣的道理，如果不能清楚定義商業問題，商業數據分析工具能幫的忙也就很有限了。

舉例來說，以上八、九兩章的任務，模擬的商業問題，是想要針對特定的頁面，或是頁面群，追蹤訪客在瀏覽頁面時，旋捲深度達到各種比例的行為。

商業問題明確以後，首先要檢查手邊的數據是否足夠。GA 4 自動設定的加強型評估事件中，有一個追蹤旋捲比例的事件 scroll，但是只能記錄旋捲比例為 90% 的瀏覽行為，所以不能滿足我們想要追蹤各種旋捲比例的需求。

於是，我們就用 GTM 增加一個自訂的旋捲事件，可以追蹤多重旋捲比例 25%、50%、75% 的訪客瀏覽行為。

自訂旋捲事件 scrolling 設定完成，並檢查無誤以後，確定數據原料齊備了，接下來，才能開始執行從 9-2-2 小節起的「後續加工」數據流程，最後，才得到我們想要的結果。

大家在真實商業情境中碰到的問題，可能遠比以上範例複雜，但是流程與邏輯，基本上是一致的。以上範例的思考方法，完全可以應用在各種真實的商業數據分析實務中。

9-4 「使用者層級」的自訂維度

GA 4 目前開放兩種範圍的自訂維度，前述 9-2-3 小節開始，所執行與驗證的是「事件層級」的自訂維度，接下來我們就來介紹「使用者層級」的自訂維度。

9-4-1 使用者屬性 User Property

通用版 GA 中，只要在設定維度時，將其指定為「使用者」層級，就會將最後取得的資料向後延伸，附掛在以可辨識 ID 歸戶為同一人的訪客身上。

而在 GA 4 中，介紹了另外一個數據層級「使用者屬性」。為了方便理解，大家可以把「使用者屬性」想像成另外一種參數，只是其內容對應的是訪客，而不是點擊。

在 GA 4 中，系統會將辨識出的下列資料，自動記為網站用戶的「使用者屬性」：

- 國家 / 地區
- 年齡層
- 性別
- 興趣
- 語言
- 裝置類別
- 裝置型號

對於行動應用程式用戶，則除了上述各項之外，還會記錄更多的「使用者屬性」。

自動收集的資料以外，我們還可以利用「使用者屬性」自行收集其它訪客層級資料。例如，我們如果記錄使用者 ID (User ID)，就是一個典型的「使用者屬性」。

9-4-2 設定程序

由於使用者層級的資料，大部分都是特殊變數，網站與網站之間的共通性低，所以通常需要自行以程式來獲取。我們的實作，選擇共通性最高的裝置 ID (Client ID) 當作範例，以保證大家都可以順利完成設定並看到結果。

以 GTM 設定 GA 4 資源的使用者層級自訂維度 Client ID，包含三個步驟：

- 在 GTM 中自訂一個收集 Client ID 的變數
- 在 GTM 中設定一個事件，將收集到的 Client ID 變數，納入「Client ID 使用者屬性」
- 回到 GA 4，以「Client ID 使用者屬性」，建立使用者層級的自訂維度

9-4-3 建立收集 Client ID 的變數

進入 GTM，開啟對應於實驗網站的容器，在容器管理首頁的左側功能選單中，選擇「變數」。由於收集 GA Client ID 並不是 GTM 預設的變數，所以跳過上方「內建變數」，進入下方「使用者定義的變數」區，點擊右上角的「新增」。

開啟自訂義變數區，先為變數命名為「Client ID」，由於容器中的變數，是可以供通用版 GA 和 GA 4 共用的，所以無需加註 GA 版本資訊。點擊「變數設定」區右上角的筆狀編輯圖標，開啟「請選擇變數類型」清單，選擇「網頁變數 > 自訂 JavaScript」(參見圖四)。

圖四、自訂「JavaScript 變數」

開啟變數設定畫面後 (參見圖五)，將收集 Client ID 的程式片段，寫入「自訂 JavaScript」編碼區，再按右上角「儲存」，就完成變數的設定。

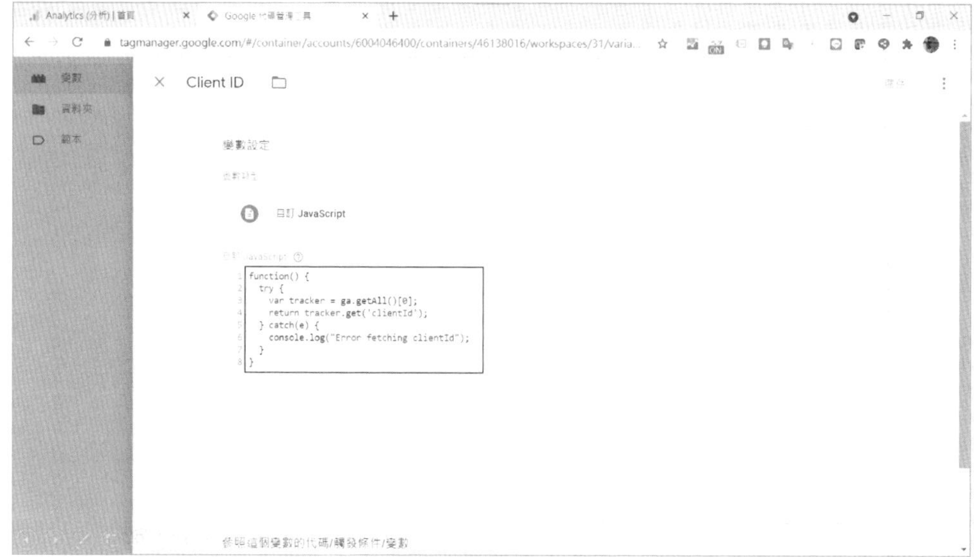

圖五、編輯程式碼

關於「收集 CID 的程式片段」，可以參考圖六，依照左側的程式碼自行輸入，或是掃描右側的 QR Code，取得文字檔，複製後取用均可。

```
function() {
  try {
    var tracker = ga.getAll()[0];
    return tracker.get('clientId');
  } catch(e) {
    console.log("Error fetching
clientId");
  }
}
```

圖六：收集 CID 的程式碼片段

9-4-4 建立 Client ID 事件代碼

設定好收集 CID 的變數以後，我們就用一個代碼，來建立 GA 4 事件，在事件中，將 Client ID 變數納入「使用者屬性」。

以代碼設定 GA 4 事件的程序，前面已經操作過多次，這裡就不再贅述，直接跳到設定完成的畫面 (參見圖七)。

圖七、以 GA 4 代碼建立附帶使用者屬性的事件

與之前不同的地方在於除了事件參數以外，還要開啟下方的「使用者屬性」，並新增空白列。在空白列的「資源名稱」欄中，自行訂定使用者屬性的名稱，範例中以「client_id_by_event」為名，在「值」欄中，拉選上一個小節設定的 變數「Client ID」。

最後，設定觸發條件，選擇「網頁瀏覽 > 視窗已載入 (win_loaded)」，這樣，就完成了代碼的設定，可以儲存並提交、發布了。

發布後，我們就可以回到 GA 來檢視設定的結果。

9-4-5 檢視「使用者屬性」設定

使用者屬性正確設定完成後，只要瀏覽一次網站，回到 GA 4 報表區，選擇 DebugView，就可以在右側下方「使用者屬性目前有效」的區域中，看到之前設定的使用者屬性名稱 (參見圖八)。同時在中間的「秒動態 (Seconds Stream)」中，看到一個由三角形、方形和圓形組合的奇怪圖標，表示收到了一個「使用者屬性」。

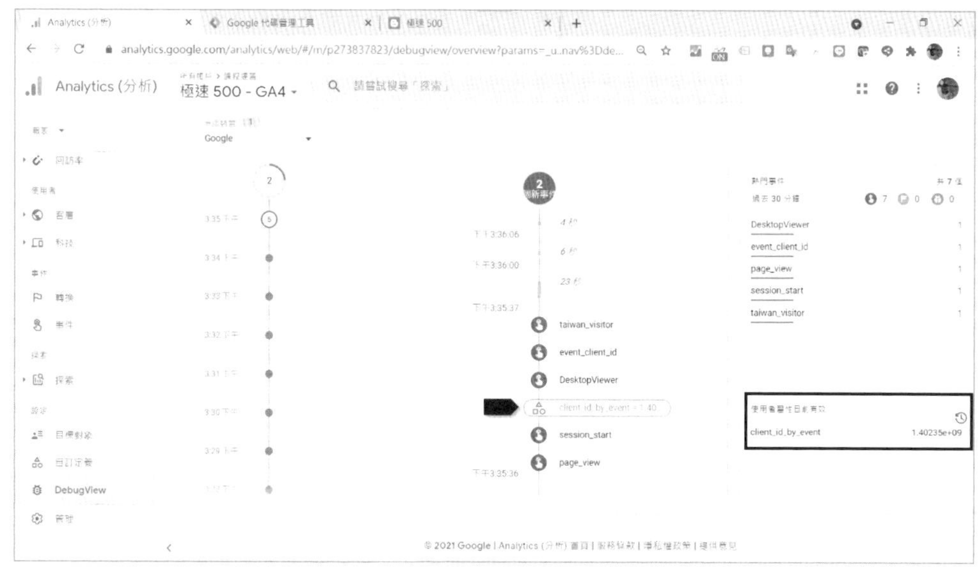

圖八、檢視「使用者屬性」設定結果

9-4-6 設定使用者層級的自訂維度

確定收到我們所需要的「使用者屬性」以後，如果我們要將其設定為維度，就可以到 GA 4 報表，選擇左側「自訂定義」，選擇「自訂維度」標籤，按「建立自訂維度」按鍵，進入「新增自訂維度畫面」，程序基本和設定事件層級的自訂維度完全一致 (參見圖九)。

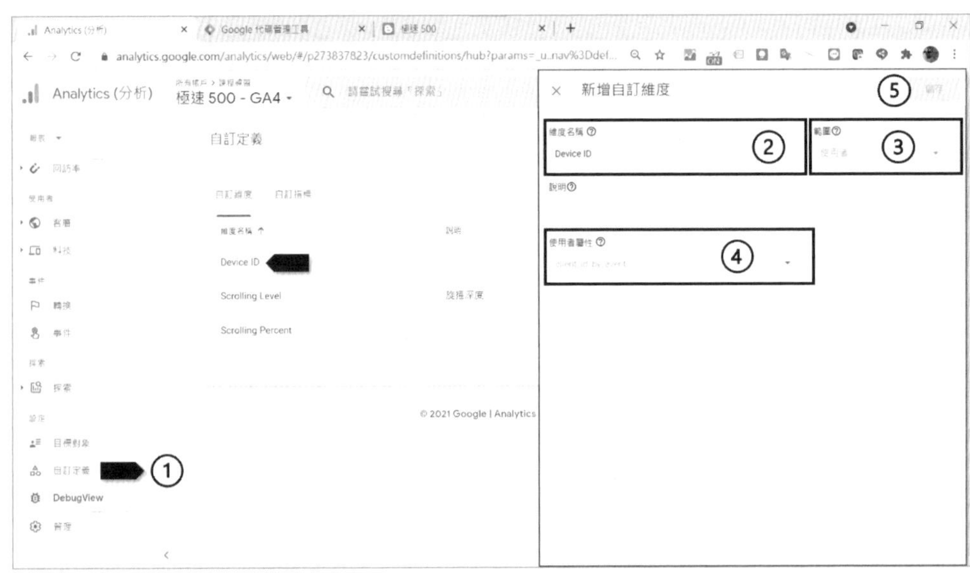

圖九、自訂「使用者層級」的維度

首先，我們將這一個維度命名為「Device ID」，以與 GA 4 的名稱相符。接下來，範圍選擇「使用者」，下方就會出現「使用者屬性」拉選框，選擇我們要套用的使用者屬性「client_id_by_event」。最後，按右上角的「儲存」，就完成使用者層級的自訂維度設定了。

9-4-7 檢視使用者層級自訂維度的設定結果

以上的設定如果都正確完成，經過一天之後，我們打開「流量開發」報表，就可以在次要維度下，「自訂 (使用者界定範圍)」的選項中，找到我們自訂的維度 Device ID，選用後，就可以看到 Client ID 出現在報表中 (參見圖十)。

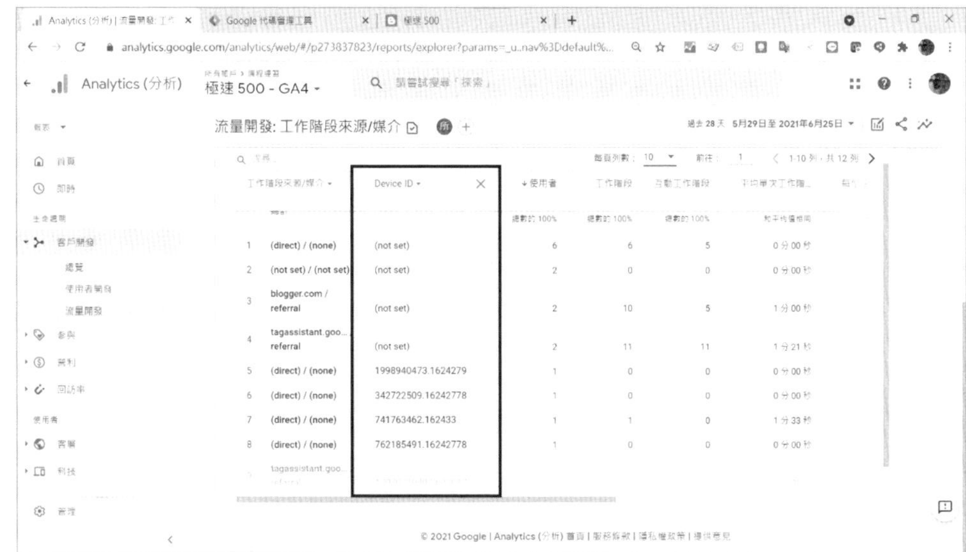

圖十、以次要維度檢視使用者層級的自訂維度

9-4-8 PII 禁止

因為「使用者屬性」是訪客層級的資料，所以要特別注意，千萬不要觸犯了 GA 的隱私權政策。GA 明文規定不允許將收集到的 PII，也就是「可分辨客戶身分的資料 (Personally Identifiable Information)」，送到 GA。

但如果根據商業需求一定要收集 PII，還是可以經過加密處理後，再送到 GA。不過，這裡面有一定程度的法律考量與技術規範，執行時一定要經過專業審驗，不可掉以輕心。

Chapter

10

豪華版分析報表 – GA 4 探索 Explore

目前在 GA 4 主選單「探索」項下，包含了七種「技巧(TECHNIQUE)」，其實就是七種不同型態的進階分析報表，簡介如下：

No.	技巧 (報表) 形式	說明
1	任意形式 Free-form	即「自訂圖、表」，包含了以下五種基本格式： ■ 表格 Table ■ 圓環圖 Doughnut chart ■ 折線圖 Line chart ■ 散佈圖 Scatter plot ■ 長條圖 Bar chart ■ 全球訪客分布圖 Geo map
2	同類群組探索 Cohort exploration	■ 以到訪時段區分，探索訪客的長期留駐行為。 ■ 通用版 GA 有同名報表，但 GA 4 此份報表，同類群組納入條件大幅增加，功能、強度都更上層樓。
3	程序探索 Funnel exploration	■ 與通用版 GA 中，電子商務「購物行為」或「結帳行為」類似的程序漏斗圖 ■ 但內容項目均可以自訂，應用彈性遠超過通用版 GA 的固定格式漏斗圖。
4	區隔重疊 Segment overlap	■ 可以直接檢視跨裝置用戶的重疊度 ■ 在通用版 GA，需要另行設定專用的 User-ID 資料檢視，才可以檢視類似的結果。
5	路徑探索 Path exploration	■ 與通用版 GA 的「目標流程圖」概念相同 ■ 可以動態設定，回溯歷史數據 ■ 步驟不限「網頁瀏覽」，亦可納入「事件」 ■ 可以向後、向前展開，充分探索訪客在網站中的足跡。
6	使用者多層檢視 User explorer	■ 以訪客 ID 為主維度，可以細究個別訪客行為的報表。 ■ 在「示範帳戶」中已遭移除，只有在自主帳戶中，才能看到這份報表。
7	使用者生命週期 User lifetime	■ 檢視以不同維度區分的訪客長期經濟貢獻度，

表一、GA 4「探索」圖、表說明

這一系列的「探索」報表，屬於進階的分析工具，彈性大，功能強，運行時非常吃系統資源，所以過去一直是付費版 GA 360 才有的特權，免費版用戶始終緣慳一面。如今終於人人都可以使用了，算是 GA 4 的一大亮點。

大部分深入探索，都需要以完整的客戶歸戶資料，以及足夠的歷史數據為基礎，才能發揮威力。所以現在先動手，開始熟悉工具介面、操作流程與各種功能特性，未來，隨著數據資料越來越充分，就能夠和商業實況緊密對接，提供反覆驗證的基礎，逐漸積累更多的分析價值。

GA 官方特別針對「探索」與標準報表的差異提出了說明，兩者的數據基本一致，但因為「探索」和 GA 的報表來自不同的技術平台，所以在資料組合、查詢設定、歸因模式、處理時間上都有差異，在使用的時候，如果發現兩者有不同的規則、限制與結果，均屬正常。

10-1 從「任意形式」報表入手

本章的範例，除了「使用者多層檢視」報表使用自主帳戶以外，全部以示範帳戶的 GA 4 資源為範例，大家可以準備好環境。

進入示範帳戶後，我們在左側看到的選單是新版畫面 (參見圖一)，可能和我們自己建立的帳戶不一樣，但差別只是重新組合、歸類，並多了一個「廣告」選項而已，內容並無二致。這種同時看到兩種不同畫面的狀態，是現代雲端版工具的特色之一，不僅沒有固定版本的概念，功能更新也不是一次到位，而是逐漸擴大範圍，在最後全面覆蓋之前，可以不斷的測試、調整、修正，有人非常傳神的將這種程序稱之為「灰度發布」。

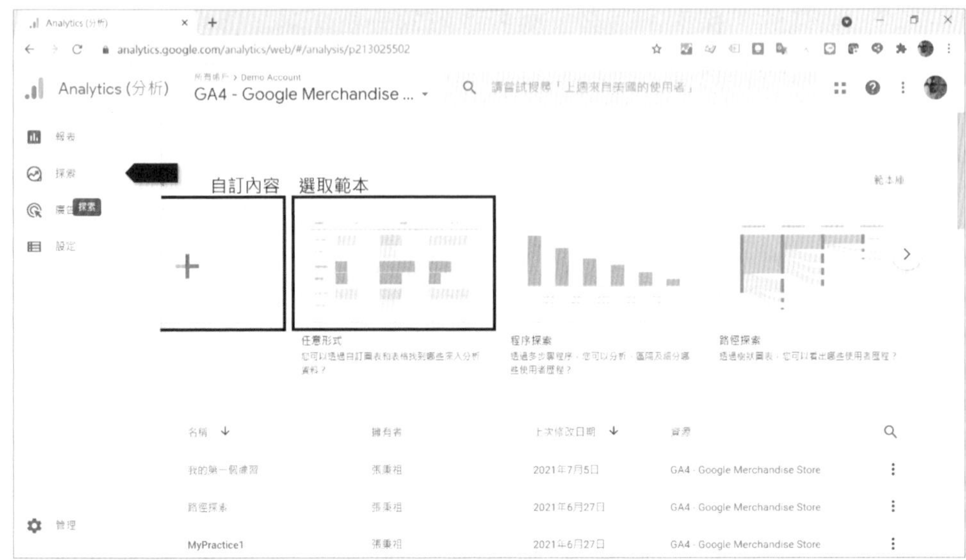

圖一、GA 4 探索 Exploration

10-1-1　開啟「任意形式」範本

進入報表區，就可以看到各種「技巧」的範本。我們可以不要選範本，點擊左方空白方格中的「+」號，自行建立探索 (參見圖一)。為了便於說明，我們的第一份「任意形式」報表，以選取範本來建立。等到瞭解了構成報表的基本結構以後，後續的報表，我們就儘量選擇自訂內容，以增加練習的深度。

至於 GA 4 用「探索」這個名詞，也不要想得太複雜，其實就是一組圖、表。

10-1-2　「探索」的基本結構

無論是以範本，或者自訂開啟，「探索」的基本結構都是一樣的，畫面概分為三大區塊，由左至右為「變數」、「標籤設定」、「圖表」三區 (參見圖二)。

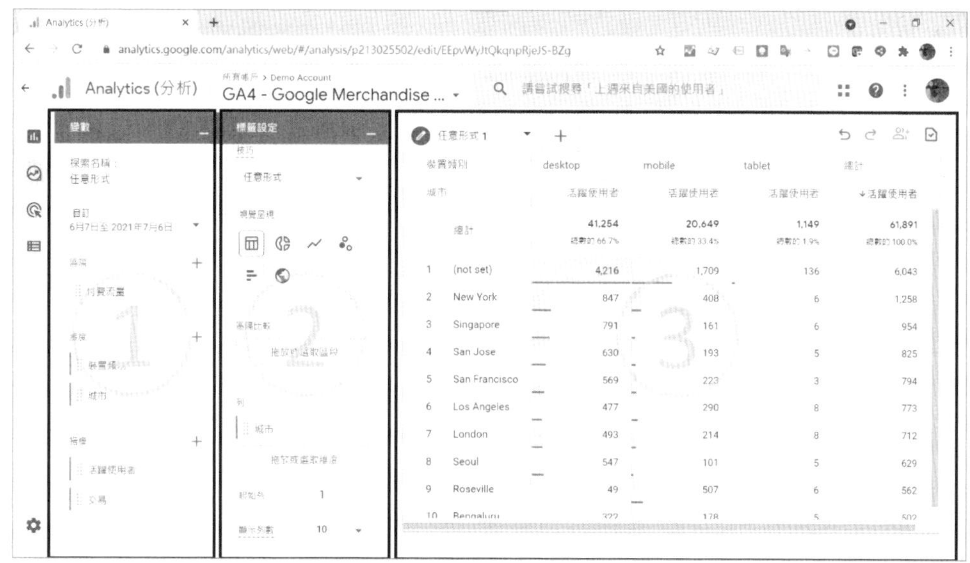

圖二、「探索」頁面基本結構

開啟範本後，無論有沒有執行任何編輯動作，都不用「儲存」，只要離開設定頁面，這一個新增的「探索」就會在範本區下方的自訂探索清單中出現。

10-1-3 「變數」區設定

最左側的「變數」區，不會因為選擇不同的「技巧」，而有所改變。此區中第一項設定「探索名稱」，預設以選擇的範本類型為名，在此例中，預設就是「任意形式」。但因為一個「探索」中，可以在報表區納入多個不同類型的圖表，所以以單一類型來命名並不合理，和前面介紹過的其它工具一樣，建議在第一時間就為開啟的「探索」訂定一個合理的名稱。

我們在本章的練習中，會將所有的「技巧」，也就是前面 (表一) 所列出的七種圖、表，都放在同一個探索下，不再為每一個「技巧」各開一個新的「探索」，所以這是一個綜合練習的概念，因此我們在此將「探索名稱」改為「我的綜合練習 01」。

第二項要為這個探索設定時段範圍，這裡的時段範圍，和 GA 4 報表區的時段範圍，是獨立設定的，互相不影響。設定時段的選項，也略有出入 (參見圖三)。

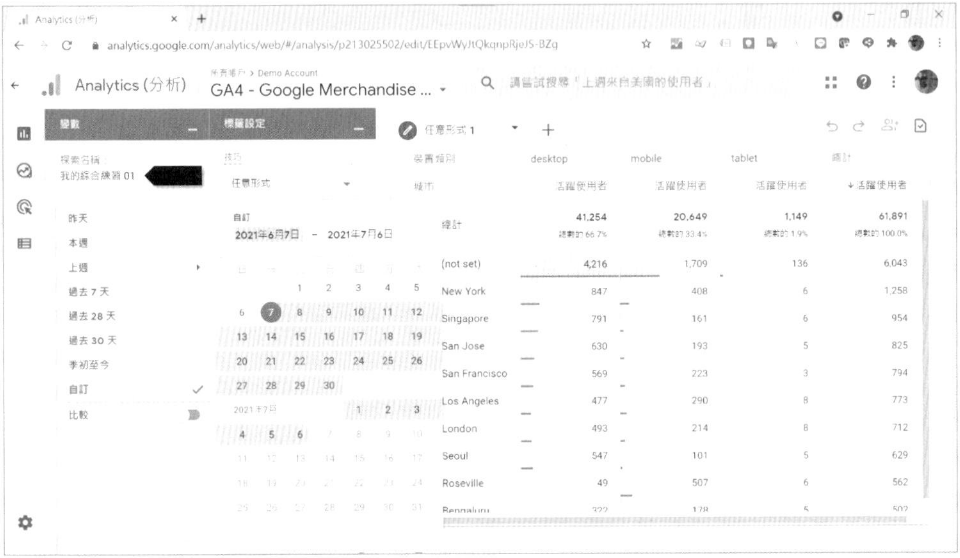

圖三、訂定「探索名稱」與選擇時段範圍

接下來，就是變數區的三個核心內容，由上而下分別為「區隔」、「維度」與「指標」。

三者的設定邏輯都是一樣的，開啟「探索」以後，因為空間的限制，在變數欄的工作區中，僅會顯示少數的預設「區隔」、「維度」與「指標」。

如果你需要的「區隔」、「維度」與「指標」沒有出現在工作區中，那麼，只要在這三項的右方，點擊「+」號，就可以從完整的清單中，拉選所需的項目。

添加「維度」與「指標」的操作，比較簡單，以添加維度為例 (參見圖四)，以加號「+」開啟清單後，勾選的維度就會出現在變數欄下方的工作區中。如果不常用的維度，也可以隨時叉掉，自工作區移除。添加指標的程序，也完全一樣。

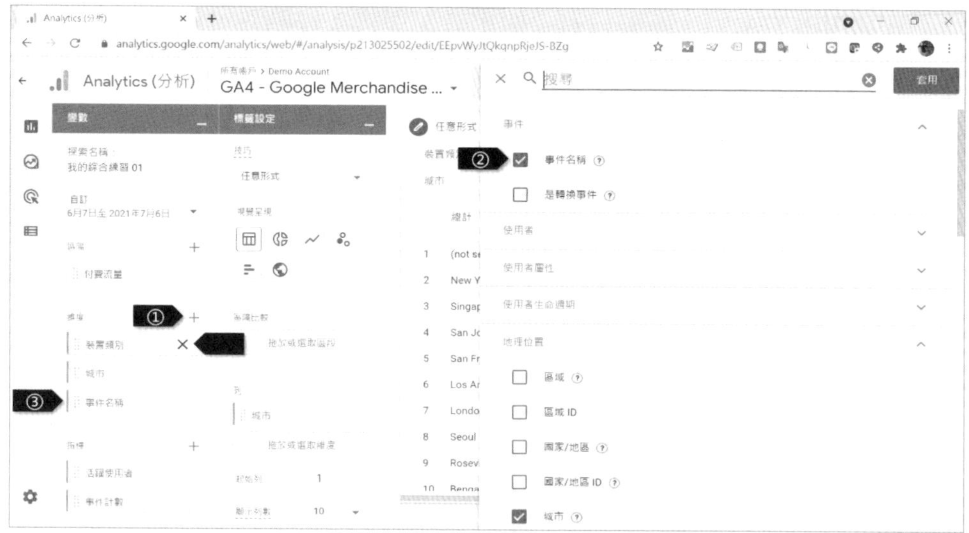

圖四、將常用維度添加到工作區

10-1-4 「區隔」設定

在 GA 4 中，只有在「探索」下，可以設定並套用「區隔」。開啟「探索」，如果在變數欄下的工作區中，找不到需要的區隔，則按區隔右方的「+」號，就可以開啟自訂區隔的畫面，來設定新的區隔 (參見圖五)。

圖五、設定區隔

在通用版 GA 中，區隔只有「使用者」與「工作階段」層級，但在 GA 4 中，增加了「事件」層級，可以根據事件與參數訂定區隔條件。

設定區格的步驟，與通用版 GA 基本類似，不算太複雜。但要根據商業問題，對數據向下鑽研 (Drill-Down)，準確挑出需要的切面 (Slice) 或切塊 (Dice)，則需要對本身作業流程與數據結構，有深入且充分的認識，執行起來才不會出錯。所以，工具在這裡扮演的角色是次要的，對真實數據的理解，才是正確設定區隔的關鍵。

有一個很好的例子，可以來說明工具與商業之間的關係。在圖五中，我們在「建議的區隔」下方，看到一個新功能「預測」，點選後，出現「未來七天內的潛在購買者」與「未來七天內的潛在流失使用者」兩個選項，相信沒有任何一位有經驗的行銷人員，會在與真實結果詳細的比對與驗證之前，就浪漫的對 GA 4 的建議照單全收，直接投入資源，針對這兩個區隔挑選出來的用戶，去執行相應的行銷對策。

工具越複雜，威力越強大，使用起來越需要精細的調整與配合。

根據過去的經驗，我們在對數據進行區隔設定時，都可以選擇「維度」條件或「指標」條件，但目前在 GA 4 的區隔設定中，雖然可以點選「指標」，但卻不能執行任何選擇，看起來這又是一個還在開發中，目前 (Jun. 2021) 暫時無法正常運作的功能。

GA 4 的區隔，最讓通用版 GA 使用者不習慣的地方，就是只能在設定的「探索」下套用，並沒有一個儲存區可以與其它「探索」共用。就便利性而言，這一點比通用版 GA 差了很多。但目前 GA 4 還在發展初期，未來是否會有所改善，且讓我們拭目以待。

通用版 GA 中對於每一個用戶，區隔的限額高達 1,000 個，但在 GA 4 中，是以「探索」為單位，每個「探索」最多可以建立 10 個區隔，而最多可同時套用 4 個區隔。

10-1-5 「標籤設定」區

接下來的「標籤設定」區 (參見圖二)，就是各種「技巧」的設定區。在固定的「變數」區條件下，每一種「技巧」的結構與設定項目都不一樣，所以「標籤設定」區的變化就很大，我們首先來看看「任意形式」報表的結構與設定。

在標籤設定區的第一個拉選框，可以選擇不同的「技巧」，我們就保留本節探討的「任意形式」，不做改變。

在「任意形式」下，提供了五種不同的視覺呈現，每一種視覺呈現的「標籤設定」內容也不一樣，以下我們就來分項討論。

10-1-6 任意形式報表 –「表格」

「任意形式」報表的第一類是「表格 Table」，但其實並不是由行變數 (Column Variable) 組成的無格式資料表 (Flat Table)，而是以列標題 (Row Header) 與行標題 (Column Header) 組成的二維表格，比較類似 Excel 的「樞紐分析 (Pivot Table)」，Google 家族翻譯為「資料透視」，或是其它數據工具稱之為「矩陣 (Matrix)」的數據格式。

要產生一張表格，至少要選擇一個維度，拖拉到「列」或「欄」輸入框中，然後至少選擇一個指標，拖拉到「值」輸入框中。「列」與「欄」都可以輸入多重維度，「值」也可以輸入多重指標，但我們不建議這樣做，實務上，如果數據結構太複雜，我們反而會考慮降維顯示，主要是配合人類視覺無法處理太多維度的生理限制。

在「列」與「欄」下，「巢狀」與「數量」的選項，都是為了讓檢視者更方便所做的設計。

而在「值」下的儲存格類型，除了以數字顯示以外，「長條圖」與「熱視圖」兩個選項，都是高度推薦使用，讓檢視者可以在密密麻麻的數字中，更快速、有效找出癥結的友善設計。

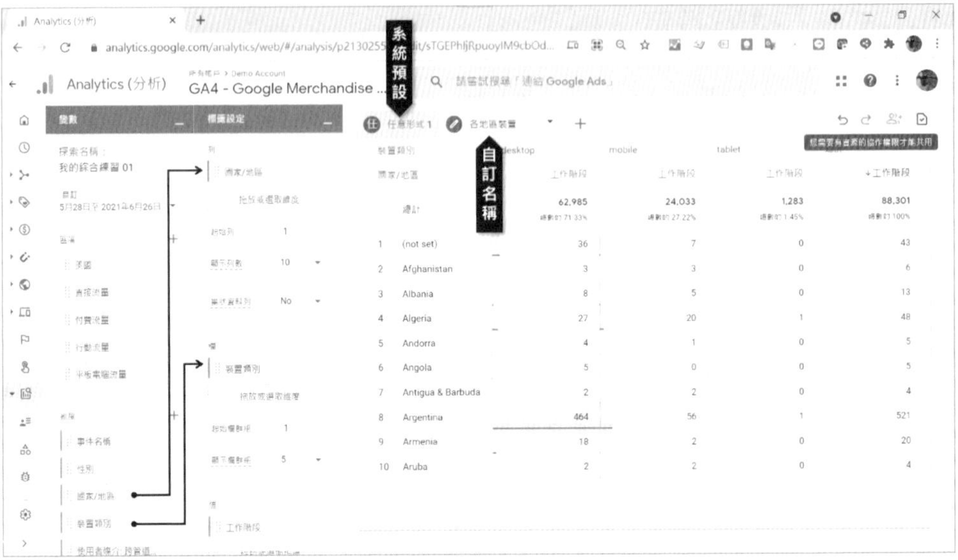

圖六、「任意形式」報表基本設定

除了「列」、「欄」與「值」這三個基本組成元素之外，還可以為表格設定必要的「區隔」與「篩選器」。雖然，某些簡單的查詢條件，既可以用「區隔」也可以用「篩選器」來實現，但在本質上，這兩個功能是有明顯差別的。「區隔」是在前端取樣時，就把數據切片或切塊，產製出符合分析需求的數據原料。而「篩選器」只是在報表端，針對顯示出來的數據加以處理，比較適用於動態調整報表外觀的需求。

10-1-7 任意形式報表 – 圓環圖

在「探索」最右邊的圖表區內，可以選擇上方「+」新增頁面，並可自行為標籤重新命名。我們接下來就新增一個頁面，來繪製圓環圖。

圓環圖的基本組合，需要選擇一個維度為「細分」，然後選擇一個指標為「值」。但很多視覺化專家，對圓環圖很有意見，因為如果要比較細分項的絕對值大小，長條圖的對比效果，要比圓環圖更為清楚。

而在實務上，只有在重點強調「占整體比例」時，我們才會考慮使用圓環圖。但圓環圖如果要包含整體，而細分項目太多時，圖形非常擁擠，檢視效果變得非常差。這時候，經常會導致一個錯誤的做法，就是選擇前幾項來繪製圓環圖，這樣一來，各項在圖上所占的比例，就不是占整體的比例，而僅是占選出項的比例。選擇不同項數來繪製圓環圖，各項的比例也會隨之改變。如此當然不符檢視「占整體比例」的分析目的了。因此，繪製圓環圖最重要的一點，就是不管選出幾項，要把「其餘項」加總起來，以「其它」項表示在圓環上，以確保圓環永遠代表 100% 的整體加總值。

關於這一點，Google 家族的工具就做得非常好，不管你選擇幾項，會自動把其餘項的總和加總起來，以「其它」表示在圓環上 (參見圖七)。

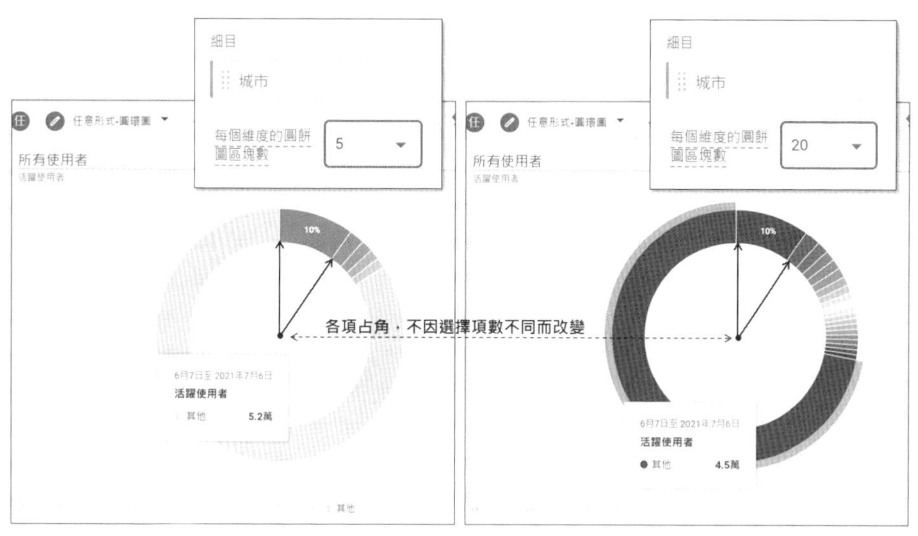

圖七、任意形式 – 圓環圖的項數調整

10-1-8 任意形式報表 – 折線圖

折線圖是所有圖表中最基礎，也最單純的。在任意圖形中的折線圖也是如此，只要選擇細分維度、Y 軸值，以及 X 軸的時間序列粒度，圖形就設定完成了。

但這份報表中，加入了一項少見的以機器學習執行「異常偵測」的功能，只要在「任意形式」技巧下，選擇「折線圖」，選定圖形內容後，就可以在「標籤設定」欄下，開啟「異常偵測」開關，根據趨勢，選擇用來訓練機器學習的數據日期範圍，調整好敏感度，系統就會自動在右邊折線圖上，以圓圈標註出異常資料點。

在設定這個功能時，日期範圍要避開有較大趨勢變化的時段，敏感度也不要一味的調高，總之，經過幾次測試以後，大家應該可以找出合適的參數，幫助我們在大量數據中，快速標定肉眼不見得能發現的異常狀況 (參見圖八)。

圖八、任意形式 – 折線圖的異常偵測功能

除了上述的圖、表之外，任意形式還有三個視覺效果，分別為散佈圖、長條圖、全球訪客分布圖。這三者的設定都較為單純，沒有什麼特殊的地方，所以就不一一介紹了，大家可以自己去試試看。

總體來說，「任意形式」是最基本的圖、表形式，所以都比較簡單，但折線圖的「異常偵測」，提供了一個令人驚喜的亮點。

10-1-9 分享與限制

如果具有資源的「協作」以上權限，就可以到報表右上角，點選人形圖標來設定「共用」(參見圖六)，設定為「共用」後，所有具同一資源「檢視及分析」權限者，都可以檢視這個「探索」。

在「共用」選項的左側，還有一個「下載」鍵，但示範帳戶關閉了這個功能，沒有顯示。各位要回到自己的帳戶中，才可以將設定好的「探索」下載，目前開放了 Google Sheets、TSV、CSV、PDF 等下載格式，暫時還沒有開放下載 Excel 的 XLSX 格式。

每一位使用者的配額，可以設定 200 個「探索」，而在同一個資源中，可以設為「共用」的「探索」，上限是 500 個。這樣的規模，對於初期使用而言，應該算是滿夠用的。

10-2 同類群組探索 Cohort Exploration

10-2-1 同類群組條件設定

同類群組探索是個比較複雜的報表，簡單說明這一份報表的基本商業意義，就是要檢視訪客行為的時間衰減效應。

使用這份報表的挑戰有兩個關鍵，一個是定義「納入同類群組的條件」與「回訪的條件」，但這一部分和商業實況有密切關聯，較難原則性解釋清楚，大家必需在瞭解了工具原理以後，針對商業問題再去設定，才會有意義。

通用版 GA 也有一份同名報表，但就以上這兩個使用者設定的條件來看，通用版 GA 「納入同類群組的條件」，僅限「首次接觸」的訪客。而 GA 4 探索中的這一份報表，除了「首次接觸」以外，任何事件也都可以用來當作同類群組的設定條件。這樣一來，工具的彈性大幅提升，但隨之而來的挑戰，就是要能夠解釋清楚，以其它特定事件設為同類群組條件時，其意義與目的為何。如果對於設定條件的商業意義與分析目的說不清楚，則工具的彈性再大，也只是比較酷炫而已，對於商業營運產生不了任何實質的幫助。

10-2-2 同類群組報表結構與判讀說明

使用同類群組報表的第二個挑戰，就是對報表結構的理解。我們就以「首次接觸」當作納入同類群組條件，精細程度以「週」計，回訪的條件設為「交易」為例 (參見圖九)，來說明這一份報表的結構性分析技巧。

這一張報表，有三個軸要解讀，首先是橫軸，最容易理解，就是針對不同時間段招攬進來的新客戶，除了記錄初次接觸當期 (第 0 週) 的交易次數以外，還往後記錄數期 (週) 的交易記錄，這樣可以觀察到訪客行為的「時間衰減」效應。

圖九、同類群組探索

縱軸則是以「初次接觸以後，相同的間隔週數」，來比較不同群組訪客的時間衰減效應。換言之，不同時間段同類訪客，可能在時間衰減這一個指標上，會有不同的表現。

在實務上還有一個經常被忽略，導致誤用這張報表的盲點。我們如果只是去追究不同時段招攬的新訪客，在時間衰減效應上，有甚麼差異，很難轉換為商業對策需要的情報。我們其實真正想要追究的，是不同行銷作為帶進來的訪客，在時間衰減效應上有什麼不同。所以，這裡的時間段，只是一個和我們行銷日曆上的時間段，建立連結的鍵值。這張報表提供的，只是原料，還要和我們的行銷日曆整合起來，才能形成分析實戰力。

最後要解釋的就是斜軸，斜軸的時段是日曆上的同一時段，一般來說，以熱力圖顯示時，斜軸向右上方移動，代表越來越早期的同類訪客群組，所以數字遞減是正常的。但如果斜軸發生顏色同時變深的情形，可能代表某一個行銷活動，把舊訪客也都喚醒了。反之，如果有一根斜軸的數字，明顯偏低，很可能是該期間系統或服務出了問題。

對於需要訪客回頭的產業，如果懂得善用這一張同類群組探索，可以提供很深層的分析情報。

10-2-3 同類群組報表計算方式說明

同類群組報表的「標籤設定」中，還有一項「計算方式」，也是經常會困擾使用者的設定項目。為了方便說明，我們這一次將「值」改為「活躍使用者」，來解釋「計算方式」(參見圖十)。

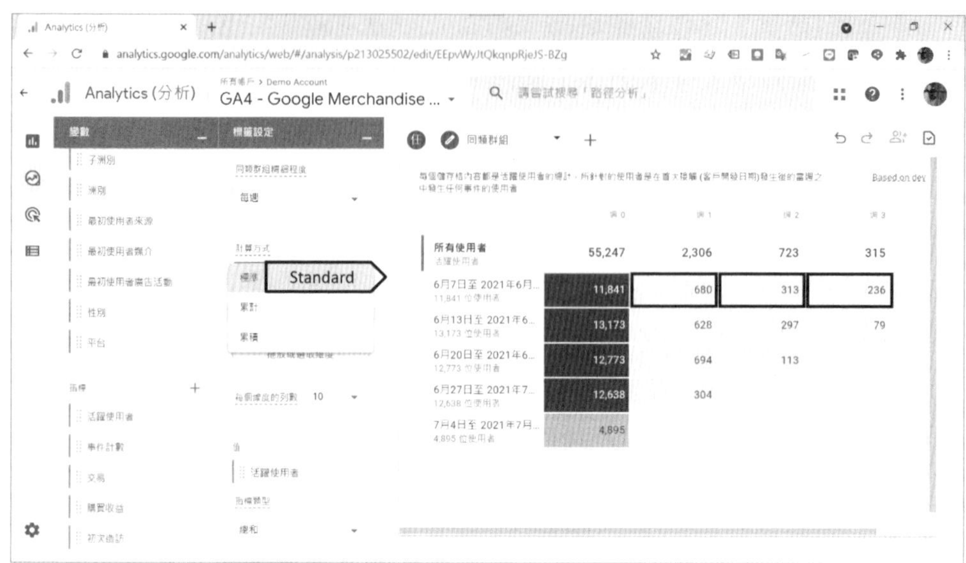

圖十、同類群組報表「標準」計算方式

在同類群組報表的「標籤設定」欄中，開啟「計算方式」拉選框，看到三個選項，分別是「標準」、「累計」和「累積」(參見圖十)。大家對於後兩項，一定看得一頭霧水，但如果查閱原文，這三個選項分別是「Standard」、「Rolling」、「Cumulative」，看起來又是一個翻譯上的小失誤。簡體中文版將第二項忠實的翻譯為「滾動」，估計正體中文版應該不久後也會修正。

以下分別就三項計算方式來說明，首先，「標準」計算方式最容易理解，各期只列記「符合當期條件」訪客，不考慮其它期別。以圖十為例，在 6/07 開始的一週內招攬到的新訪客，隔週有 680 人再次出現，再隔週則有 313 人出現。

改用第二種計算方式 Rolling，目前介面中譯為「累計」，依原文應為「滾動」。滾動計算僅列記「連續符合條件」的訪客。換句話說，次兩週出現的 116 人，在前一週也都出現過，包含於前一週出現的 680 人之中 (參見圖十一)。

圖十一、同類群組報表「滾動」計算方式

最後一種計算方式「累積」，則是把各期數字累加。但這裡要特別注意「使用者」相關的指標，有「不可加成」的特性，因為在時段範圍內招攬的新訪客，總人數已經是固定的，所以各期累加，仍然是總數，不會增減(參見圖十二)。因此，這樣的標籤設定內容，同類群組報表是無意義的。但如果改用訪次數，或是其它互動指標，則各期的累加數字會依序遞增，後面才有故事可說。

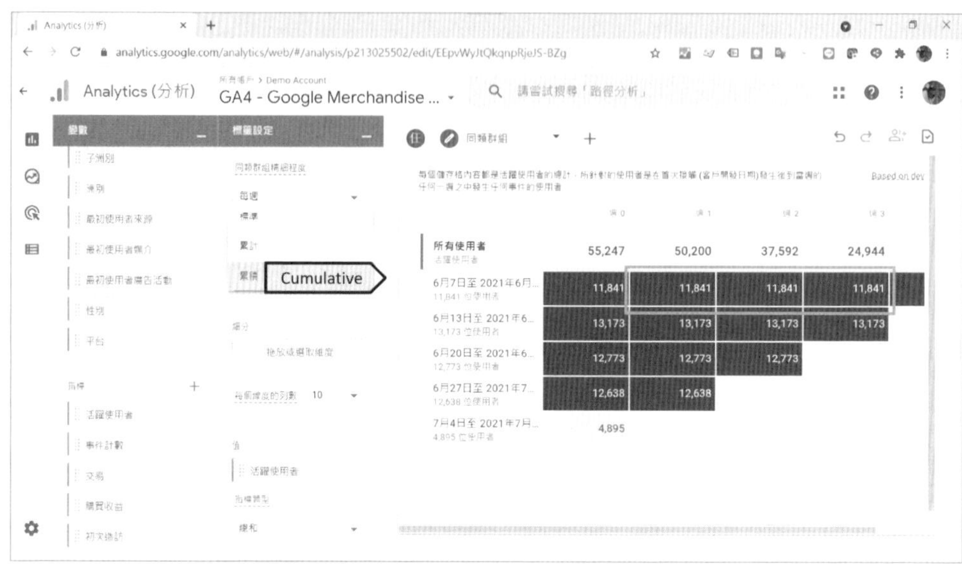

圖十二、同類群組報表「累積」計算方式

10-3 程序探索 Funnel Exploration

在通用版 GA 中，電子商務的「購物行為」與「結帳行為」報表，與此非常類似。但都是限定格式的報表，使用者自行變化的空間不大。而在 GA 4 探索中，程序報表則開放了極大的使用者設定空間，應用彈性自然也增強不少。

10-3-1 程序探索之標籤設定

進入「探索」，技巧選單選擇「程序探索」，接下來在「標籤設定」區選擇「步驟」右方的筆狀編輯圖標，就可以開啟「編輯程序步驟」設定畫面 (參見圖十三)。

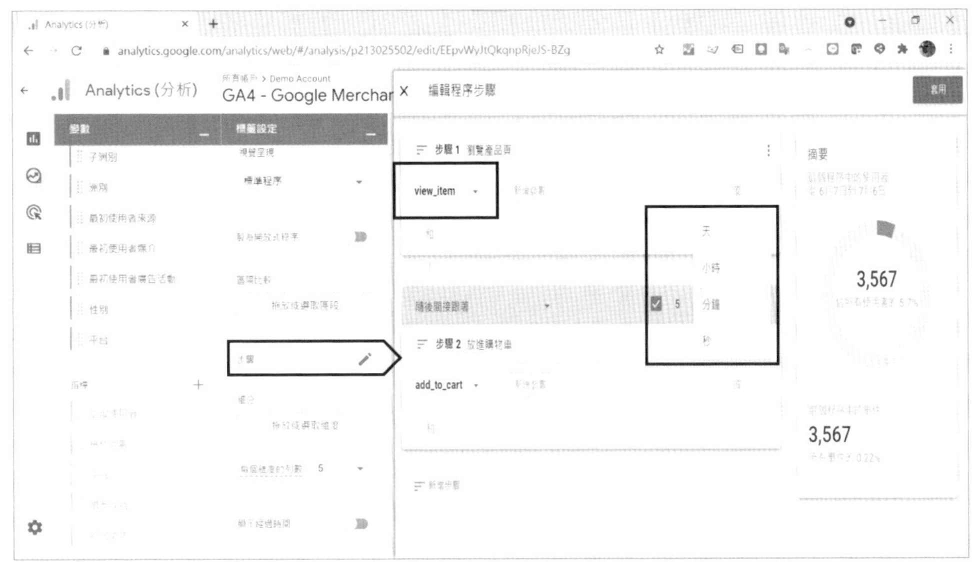

圖十三、程序探索之設定程序步驟

這個功能顯示的指標都是「活躍使用者」，在我們設定的過程中，右方「摘要」欄會即時計算出程序最後的使用者數。

接下來可以依序設定步驟，步驟的內容可以拉選事件或維度，我們就模擬電子商務流程，共設定三個步驟，名稱與內容如下：

- 步驟一：瀏覽產品頁 view_item
- 步驟二：放進購物車 add_to_cart
- 步驟三：完成購買 purchase (圖十三中尚待設定)

步驟設定中有一個厲害的功能，可以限制在特定時間範圍內進入下一個步驟的使用者。我們就將步驟二設為 5 分鐘，也就是說在最後的程序探索圖中，步驟二僅限瀏覽產品頁後，5 分鐘之內就放進購物車的使用者。善用這一個功能，可以在比價網盛行的殺戮商戰中，讓我們更敏銳的查覺到訪客的猶豫節奏。

設定完成後，按右上角的「套用」，就可以看到完成的程序探索 (參見圖十四)。

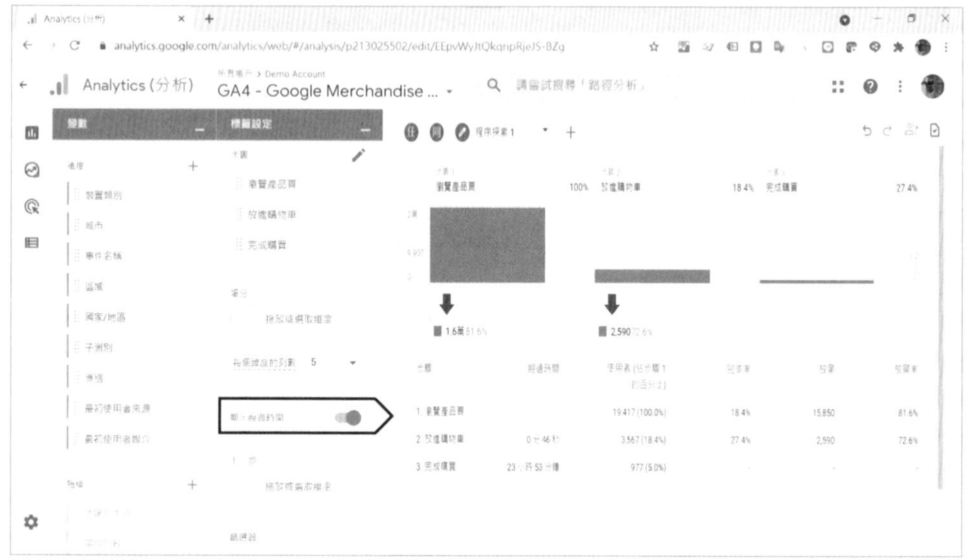

圖十四、程序探索

回到完成後的程序探索，就可以清楚檢視各步驟間的轉換強度。這裡有一個「顯示經過時間」的開關，打開後可以看到各步驟間平均延遲時間。步驟二因為在設定時已經限定 5 分鐘，所以這裡看到的平均時間是更短的 46 秒，如果要翻譯成商業語言，應該是「只要會買的訪客，手腳都是很快的」。我們可以按「步驟」旁的筆狀編輯圖標，回到「編輯程序步驟」工作區，將步驟二的限定時間取消，再回來看結果，就會發現步驟二的平均延遲時間大幅增加。

10-3-2　程序探索之細分

如果我們想要向下鑽研，更細分目前看到的訪客總數，只要把目標維度拖拉到「細分」輸入框中，就可以看到細分各項的數字 (參見圖十五)。

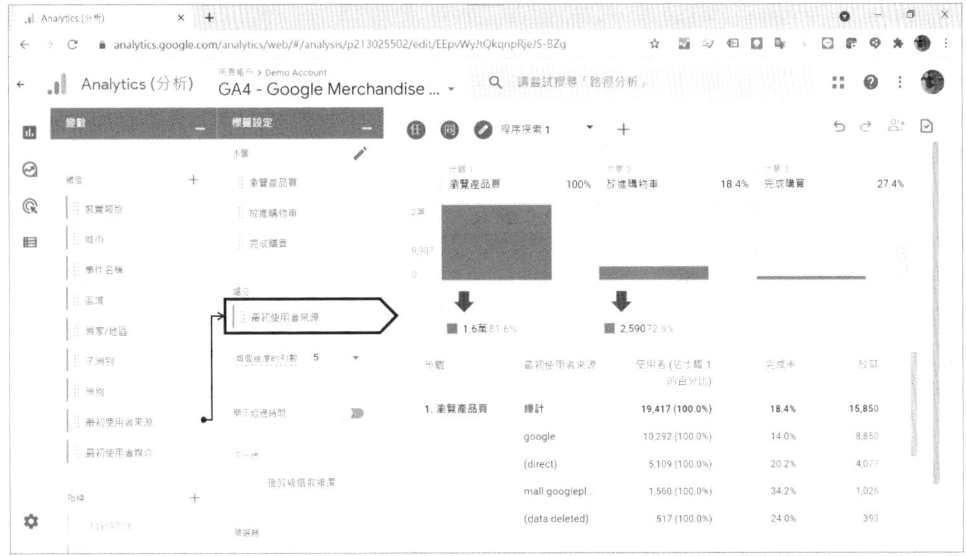

圖十五、程序探索 – 設定細分維度

10-3-3 程序與趨勢探索

以上各圖都是預設的「標準程序」，如果我們想要看到時間序列的變化，只要在「標籤設定」中，找到「視覺呈現」拉選框，改選「趨勢程序」，就會變換為時間序列折線圖 (參見圖十六)。特別是在偵測異常與週期變化時，這樣的顯示方式，可以幫我們解答很多的問題。

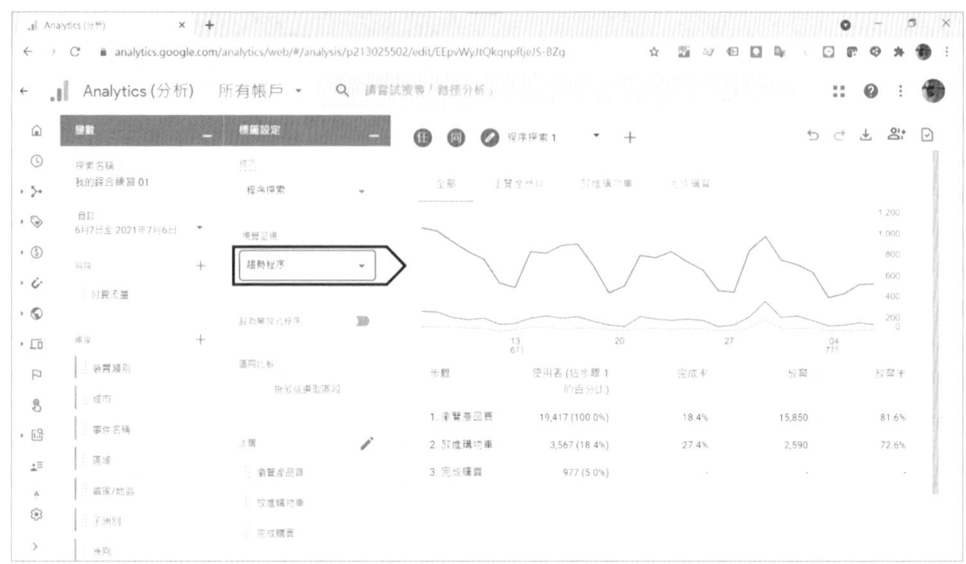

圖十六、程序探索 – 趨勢程序

標籤設定中還有幾項功能，有一個「設為開放式程序」的開關，主要處理的問題，是我們設定的步驟，並沒有強制性，所以訪客很可能有橫進橫出的動作，如果將「設為開放式程序」的開關打開，則從中間步驟插入的訪客，也會在程序探索圖上顯示出來。而如果將此開關維持在預設的關閉狀態，則只有依照步驟推進的訪客，才會被記錄下來。

程序探索是一個高級的工具，此處以 GA 示範網站的數據為例，可能還沒有太強烈的感覺，如果回到我們自己熟悉，並可以掌握的真實電商環境，這一個可以緊盯訪客行為的監控工具，使用起來會非常有趣。

10-4 區隔重疊 Segment Overlap

10-4-1 以「區隔重疊」技巧產出跨裝置報表

區隔重疊是 GA 4 探索中一個工具強度很大的報表，看到它，我們直覺會聯想到通用版 GA 的跨裝置報表。在通用版 GA 中，如果要看到這張跨裝置報表，需要啟動資源中的 User-ID 設定，然後建立獨立的 User-ID 資料檢視，千辛萬苦之後，才能看到一份和其它非 User-ID 流量隔離的專用報表。

如今的 GA 4，只要在標準環境下，就可以選擇「區隔重疊」技巧。首先，建立需要的區隔，就以「跨裝置分析」為例，先以「平台 / 裝置」維度，分別等於 Desktop、Mobile、Tablet 為條件，新增三個區隔 (參見圖十七)。

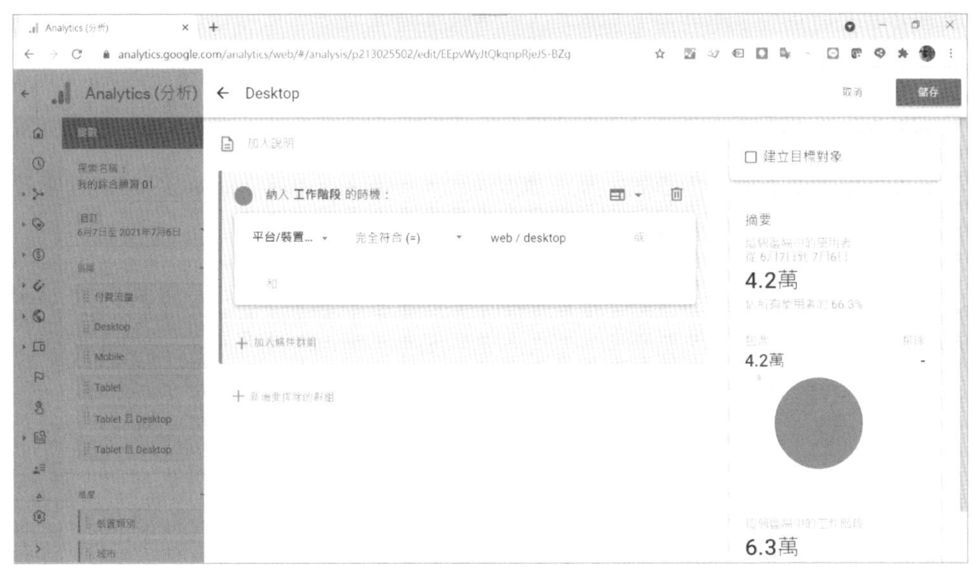

圖十七、設定區隔 – 以 Desktop 為例

然後將這三個區隔拖拉到「標籤設定」欄下的「區隔比較」中，馬上就可以產出跨裝置報表 (參見圖十八)。

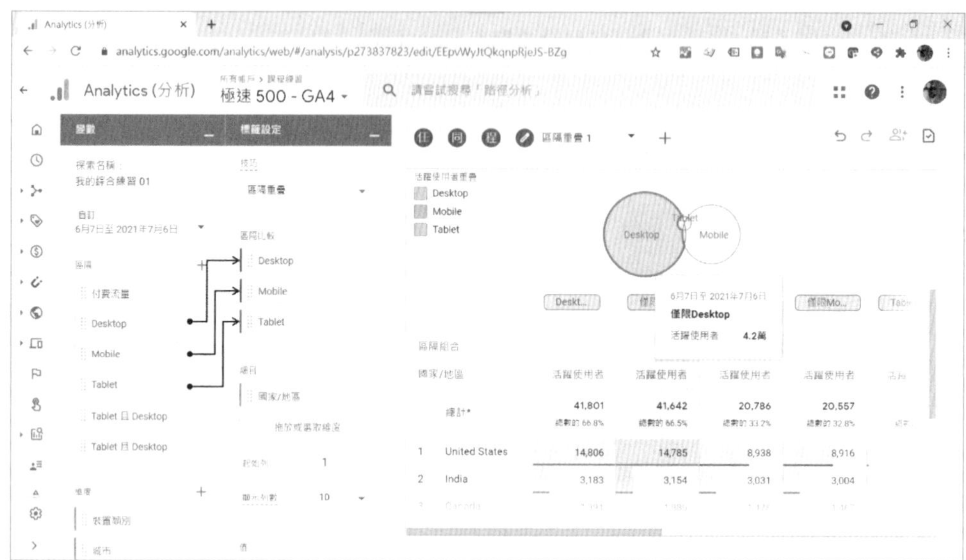

圖十八、跨裝置報表

10-4-2 「區隔重疊」基本設定功能

與通用版 GA 的「跨裝置」專用報表不同，「區隔重疊」是多用途的報表，只要想清楚商業問題，可以任意訂定三個區隔，執行重疊分析。

「區隔重疊」是一個高度互動性的工具，將游標移到重疊圖形上，會動態顯示出交集或聯集的區域。底下的表格，也會將各種條件的組合，分別計算。

而如果我們把游標移到圖形上，按右鍵，會出現兩個選項，第一個選項「根據所選項目建立區隔」，可以將選定區域，直接轉譯為區隔條件，設定區隔。如果我們在檢視圖形時，得出了重要的商業結論，就可以用此功能，將重要的分析邏輯，以區隔的形式保留下來，以備後用。

第二個選項「查看使用者」，則直接開啟在圖形條件下的使用者多層檢視 (User Explorer) 報表，可以查看個別訪客的細部資料。關於使用者多層檢視，我們在後面會有專門的章節來介紹，在此先略過。

這些細部的操作，大家最好依照前一小節的說明，建立了區隔重疊報表，再以實際操作，檢視具體結果，比較容易理解。

10-5 路徑探索 Path Exploration

10-5-1 與通用版 GA「目標流程」圖的比較

在通用版 GA 中，有一份「目標流程」圖 (參見圖十九)，過去在執行比較進階的深入分析時，我們對這一份報表非常的倚重。但是，與 GA 4 的「路徑探索」功能一比較，「目標流程」就像是蒸汽機時代的產物，世代差異，昭然若揭。

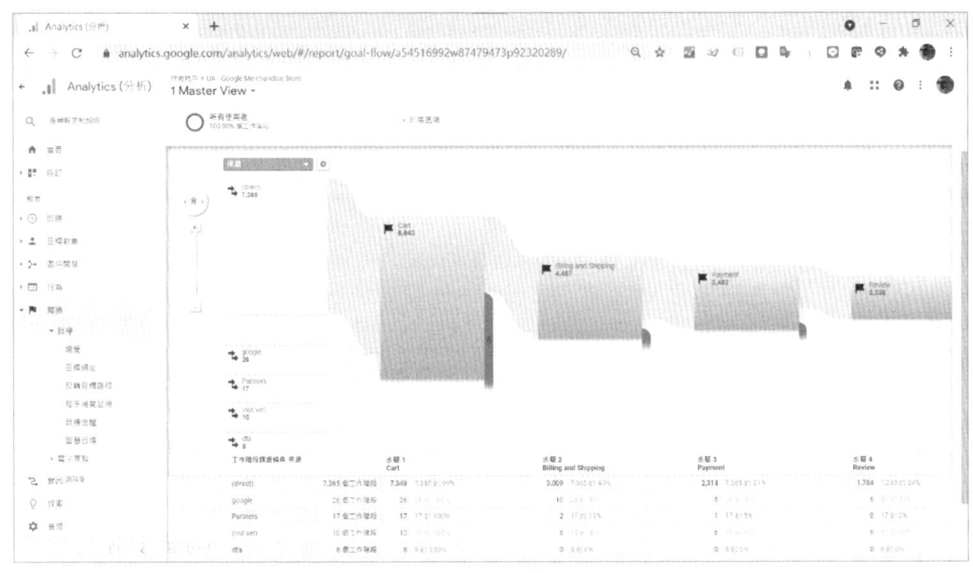

圖十九、通用版 GA「目標流程」圖

簡單做一個比較，有幾個明顯的不同點，拉開了兩個工具的世代差距：

差異點	通用版 GA「目標流程」	GA 4 路徑探索
設定時機	需預設，不能回溯	動態檢視，可回溯
節點內容	僅限網頁，如要納入事件，需要用「虛擬網頁」欺騙 GA	可選用網頁或事件
展開方向	由前向後展開	可雙向展開

表二、通用版 GA「目標流程」與 GA 4「路徑探索」的比較

其中，無需預設，「可回溯」這一點，徹底顛覆了使用通用版 GA 的習慣。其它外觀或設定的差異也不少，後面實作中，大家再親自體驗。

10-5-2 「路徑探索」畫面

我們只要開啟一個新的報表，選擇技術為「路徑探索」，就會在圖表區出現預設的「路徑探索」畫面(參見圖二十)。

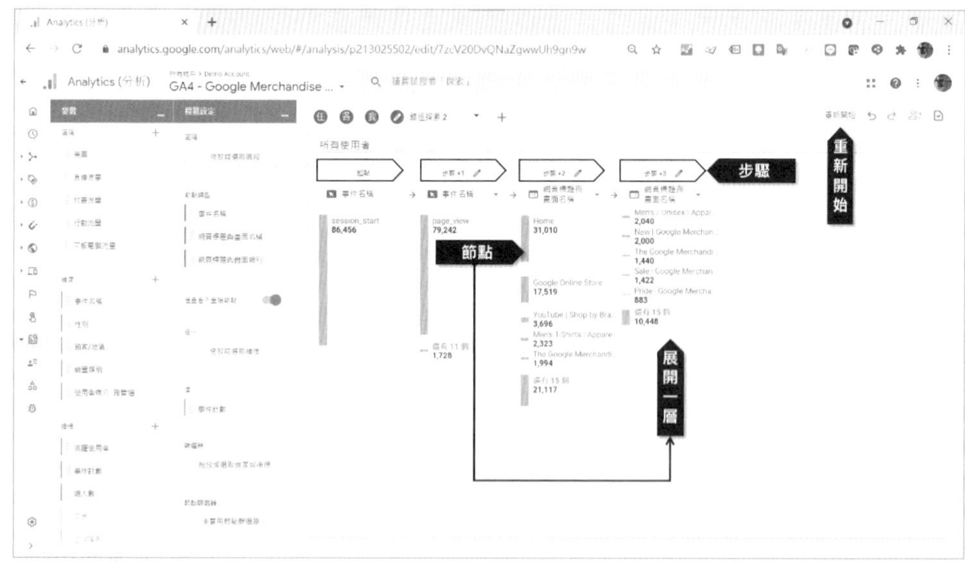

圖二十、「路徑探索」基本結構

「路徑探索」的基本結構，是把訪客的足跡，以「步驟」與「節點」兩維展開。橫向為「步驟」，可以選擇「網頁」，也可以選擇「事件」。預設畫面中，前三層步驟，預設均設為「事件」，但除了第一個步驟「起點」不能變動以外，後續的步驟都可以拉開標題拉選框，自由選擇「網頁」或是「事件」。

縱向可以看到從「網頁」或「事件」細分出來的各個資料點，稱之為「節點」。

「數值」只能選用在變數區出現的指標「活躍使用者」、「事件計數」、「總人數」，不能新增其它指標。

10-5-3 節點顯示

大家現在可以打開示範帳戶，或是已經收錄到足夠數據的自主帳戶，親手操作一遍，更能體會出這個工具的彈性。

預設每一個步驟下，只顯示「值」最大的前五個節點，其餘節點會加總後顯示在「還有 XX 個」下。但是，使用者可以點擊每一個步驟上方的筆狀編輯圖標，展開節點清單，自行挑選要顯示的節點，每個步驟最多可以顯示廿個節點。

如果要展開下一層，只要選定對象，點擊圖四所標註的「節點」位置，就會展開下一層的步驟。同一個節點，再點擊一次，就可以把展開的下一層，收攏起來。

如果所有節點的下一層都收攏起來了，下一層的步驟就會自動消失。

大家如果瞭解數據的複雜性，應該可以想像以上這些動作後面的運算，要吃掉多少系統資源，所以我們會看到系統需要的反應時間，都拉長到一、兩秒鐘，因此在使用時，不要急促的反覆點選，給系統保留一點優雅運算的空間。

10-5-4 自訂步驟

如果不採用預設的步驟，只要點擊右上角的「重新開始」，就可以清除預設畫面。清除後，會出現並列的「起點」與「終點」兩個輸入框。我們可以任選其中之一來當作分析的起點。

點擊後，首先要選擇的是步驟形態「網頁」或是「事件」，選定後，就會開啟一個「選取起點」的清單，讓我們選擇單一網頁或是事件，當作追蹤起點 (參見圖二十一)。

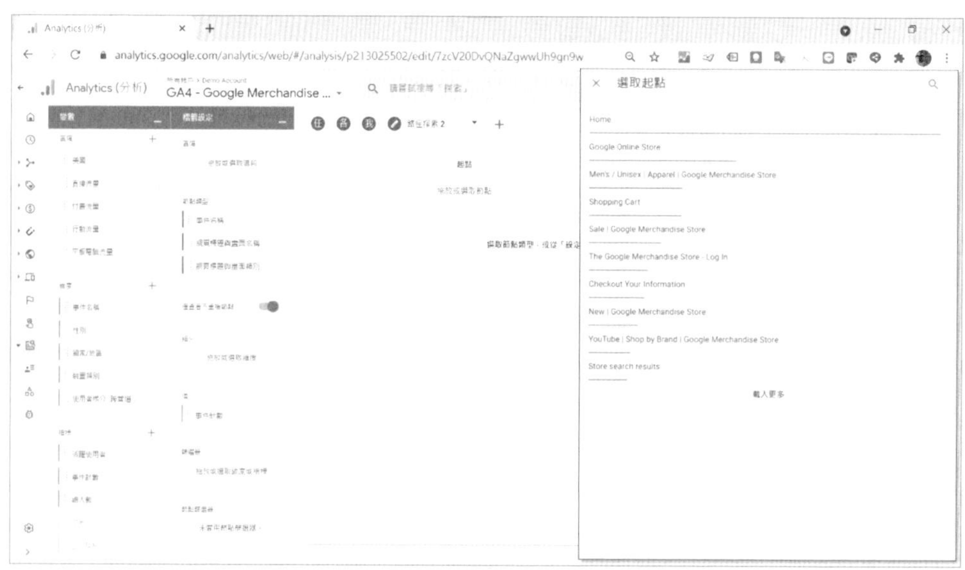

圖二十一、選擇路徑探索的起點

如果從「起點」開始設定「路徑探索」，商業意義很容易理解，就是跟者訪客造訪的足跡，一步一步走下去。但如果我們選擇「終點」當作設定「路徑探索」的第一步，商業意義究竟是什麼呢？

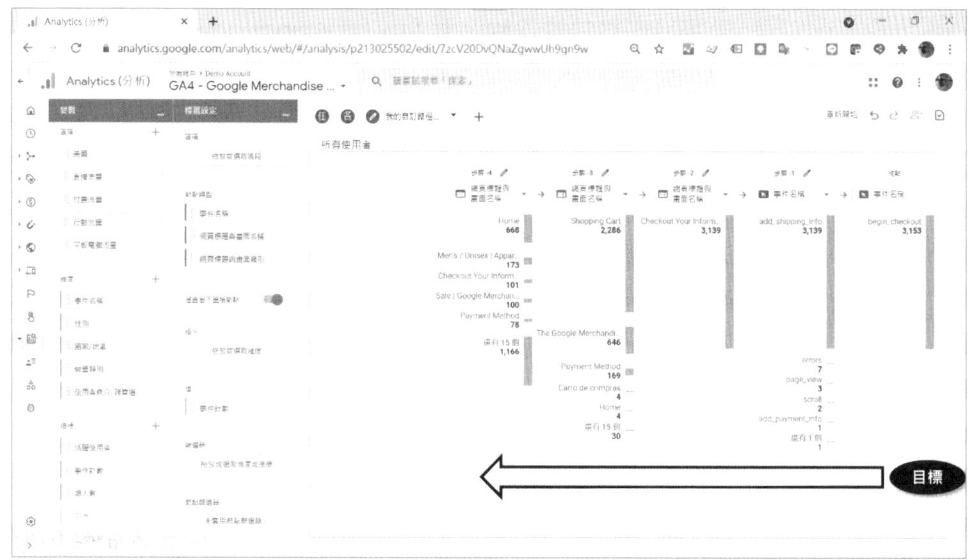

圖二十二、從終點反向探索路徑

「終點」，就是我們要追蹤的結果，其實也就是通用版 GA 中的「目標」。但是，在 GA 4 中因為可以回溯，所以即使沒有預先設定，也可以隨時根據需要，設定一個目標點，再設定「路徑探索」，立刻就可以看到報表，讓我們一步一步往回展開，反向探索訪客的足跡行為 (參見圖二十二)。

10-5-5 「路徑探索」的使用時機

動手使用過以後，大家應該都可以感受到，「路徑探索」和其它報表的性質有所不同。「路徑探索」不是靜態或常態的分析模型，而更像一個動態的探礦工具。隨時隨地，只要在其它的報表或分析中發現異狀，但不確定問題原生點在哪裡，就可以透過「路徑探索」，前推後敲，挖掘出問題的根源。

10-6 使用者多層檢視 User Explorer

目前在示範帳戶中，使用者多層檢視已被移除，所以要回到自主帳戶，才能找到這個「技巧」。

10-6-1 從範本開啟使用者多層檢視

直接從範本中找到「使用者多層檢視」，開啟後，就可以看到以裝置 ID 列出的個別使用者記錄 (參見圖二十三)。

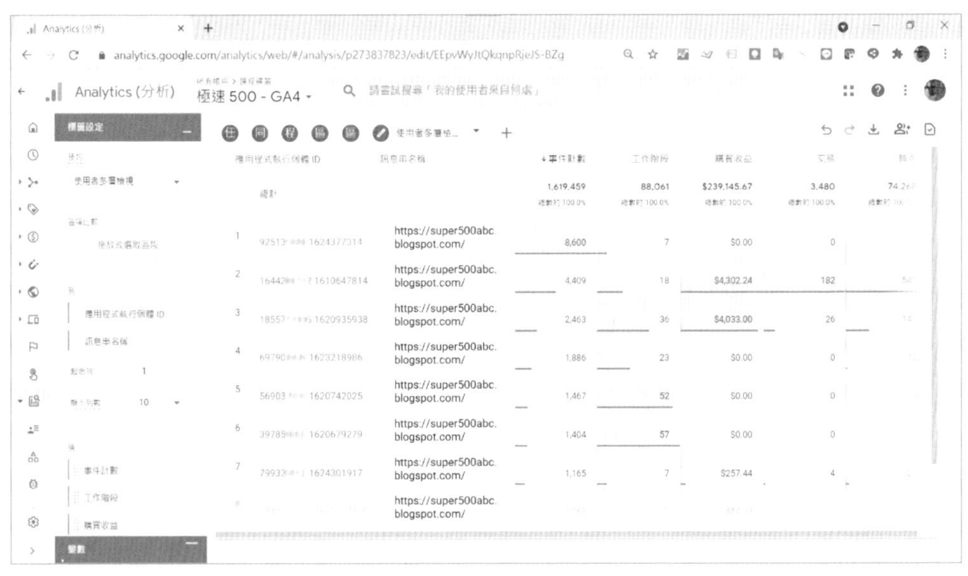

圖二十三、使用者多層檢視

這一個「探索」中，列標題，也就是主要維度，限定為「應用程式執行個體 ID」以及「串訊息名稱」，不可自行變換。

這兩個名詞，就是前面解釋過的「裝置 ID」以及「資料串流」，相信大家到現在，對於 GA 世界中名詞的不統一，已經很能夠接受了。

10-6-2 與使用者層級自訂維度的比較

回憶一下，在第九章中，我們為了建立「使用者層級的自訂維度」，還特別增設了一個事件 event_client_id，將系統賦予訪客的裝置 ID，以使用者屬性 client_id_by_event 收集，再依此自訂維度「Device ID」。如今，完全不用這一個自訂的維度，就可以直接在「使用者多層檢視」中，產生類似的報表，所以我們前面辛苦自訂的維度 Device ID，只是為了練習與說明，沒有任何實際用途嗎？其實不然。

在通用版 GA「目標對象」與 GA 4 的「探索」功能中，都有「使用者多層檢視」報表，但這兩份報表，不約而同的將主維度鎖死，無法彈性和其它維度執行交叉分析。而我們前面自訂的「Device ID」維度，則可以彈性選用，與其它維度配合展開，執行交叉分析，具備普通維度的特性。所以，在檢視「使用者多層檢視」報表以後，還想要深入鑽研時，自訂的維度「Device ID」，仍是很重的進階輔助。

10-6-3 描述分析原始數據

由於裝置 ID 是匿名資訊，而且以使用者為單位，資料數量通常很大，直接用肉眼是看不出情報的，所以要用數據方法預處理。正常的做法，我們會計算基本統計數據，進行所謂的「描述分析」。

以圖二十三的報表為例，先以 CSV 檔匯出，經過整理後，得到以下各數值欄的統計資料 (參見圖二十四)：

	事件計數	工作階段	購買收益	交易	轉換
count	49910.000000	49910.000000	49910.000000	49910.000000	49910.000000
mean	30.118734	1.504047	4.318072	0.065017	1.241415
std	68.362392	1.386272	54.217154	0.917154	3.115932
min	6.000000	0.000000	0.000000	0.000000	0.000000
25%	7.000000	1.000000	0.000000	0.000000	1.000000
50%	12.000000	1.000000	0.000000	0.000000	1.000000
75%	28.000000	2.000000	0.000000	0.000000	1.000000
max	8600.000000	57.000000	4608.000000	182.000000	541.000000

圖二十四、「使用者多層檢視」報表統計分析

上圖數據是以 Python 套件 Pandas 處理的，但任何數據工具都可以輕易做到這一件事，例如以 Excel 的「資料分析」增益集，也可以產出相同的結果。

以上的例子，只收取了兩週時段的數據，規模很小，但 49,910 筆的資料，如果不作統計分析，直接判讀原始報表，已經超過了目視所能處理的範圍。

透過簡單的描述分析，可以看出訪客行為是非常明顯的偏態分布，以「交易次數」為例，雖然有單人 182 次的極大值，但百分位一直到 75%，次數仍然掛零。而「事件次數」 8,600 的極大值，明顯是極端的離群值，很可能是內部測試人員所為，需要特殊處理，不應納入分析流程。

對整體數據完成描述分析後，我們就可以決定如何清理、分群、分組，再執行後續的分析。

10-6-4 針對特定群組以「自訂維度」進行深入鑽研

後續分析就用得上我們自訂的「Device ID」維度了，因為可以與其它維度執行交叉分析，進行深度的檢驗，而這一步是「使用者多層檢視」報表做不到的 (參見圖二十五)。

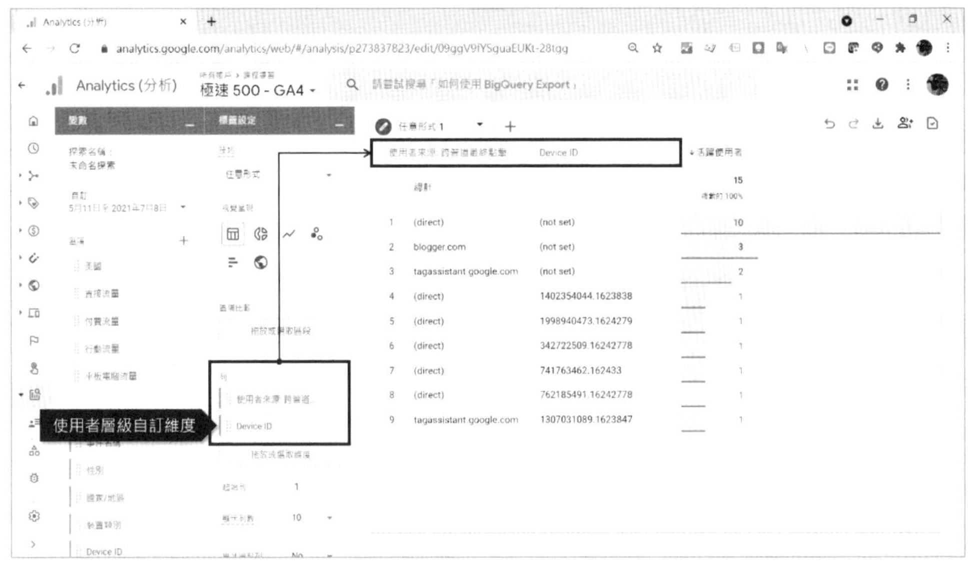

圖二十五、以使用者層級的自訂維度執行深度的鑽研

10-6-5 萃取行為特徵，製備為「區隔」樣板

如果我們透過以上的描述分析，以及多重維度的鑽研以後，已經以特定條件，標定出目標，想要更深入瞭解這一位訪客的行為，這時候，GA 4 在 「使用者多層檢視」報表中，安排了一個強大功能，只要點擊選定的 ID，就會展開「使用者活動」畫面 (參見圖二十六)，顯示這一個 ID 的個人詳細記錄。

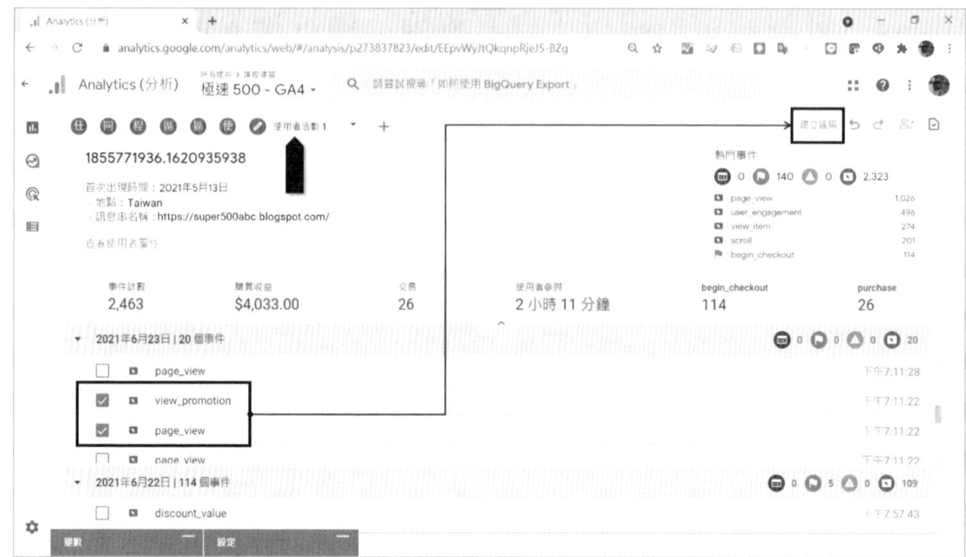

圖二十六、深入「使用者活動」個人行為細節

在「使用者活動」頁面中，依時間序列，排列出單一訪客的所有互動，以及轉換成績與交易記錄。而如果我們在這一位典型訪客的記錄中，找到了重要的行為特徵，最後的殺手功能就是把這些行為打包，建立起「區隔」，以相同特徵行為篩選訪客，當作後續行銷作為的目標對象。而這個動作，只要勾選目標互動，然後按右上角的「建立區隔」，就可以直接將這些互動當作條件，完成區隔設定 (參見圖二十七)。

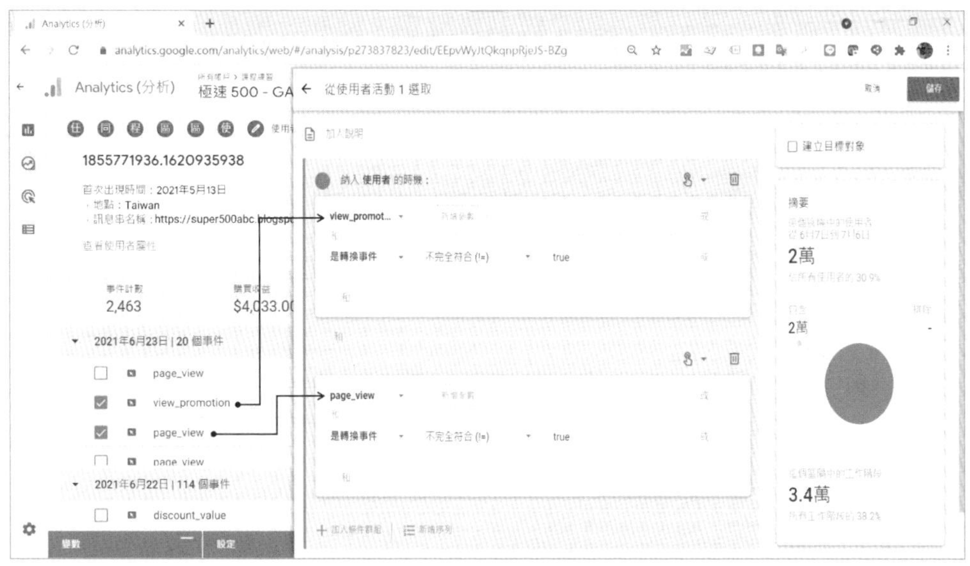

圖二十七、一鍵執行區隔設定

10-6-6　回顧分析流程

在本書中，我們反覆強調商業數據分析的目的，是要支撐商業。所以，分析的結果，一定要能夠和可執行的商業對策連結，分析工作才算暫時告一段落。這一節介紹的 GA 4「使用者多層檢視」探索技巧，應該可以很具體的讓大家體會這個精神。當我們打開報表，面對以 ID 歸戶的原始數據時，其實與商業對策，是找不出連結的。

所以我們先透過描述分析，找出基本的分類構想，然後再透過多維度的交叉分析，挖掘出更多的蛛絲馬跡。最後，鎖定不同特徵的小群體，希望從中萃取出特徵樣本，以「區隔」包裝，延伸對大群體分群、分組，並據以規劃出針對性的商業對策。

「區隔」在這個過程中，扮演了重要的工具角色。過去，我們習慣於憑空堆疊出區隔條件，但 GA 4 給了們一個反向封裝的厲害工具，讓我們可以直接從歷史記錄中，具體挑出有意義的訪客足跡，然後一鍵設定「區隔」，後續無論是輔助進階分析，或是規劃再行銷、推薦等精準行銷作為，都讓整個流程，快速形成了可執行的完整閉環。

10-7 使用者生命週期 User Lifetime

探索中的最後一個技巧，「使用者生命週期」，背後的邏輯比較簡單，但適用性限制較多，所以我們簡單的介紹一下。

這張報表的概念，從使用者初次造訪開始，到報表期間結束為止，計算以下三項主要指標的平均值：網站停留時間、交易次數、轉換價值。

但回到「歸戶」這個核心問題，因為要追蹤的是個人完整的交易記錄，如果辨識與歸戶不可能百分之百準確，最後的結果，也就與事實不符。GA 對於這份報表，在官方的說明文件中，還特別舉實例解釋會影響報表準確的各個因素，就是怕大家誤以為報表中的數字是準確的，因而導致誤判，影響商業決策。所以使用這一份報表時，一定要特別謹慎。

10-8 如何使用本書與官方的「探索」相關說明文件

GA 4 的「探索」，是一系列功能強大的分析利器，但也因為功能過於強大，所以繁瑣的細節也非常多，官方說明文件中，對所有的細節，都有詳細的說明。大家只要在 Google 搜尋引擎尋找「GA 4 開始使用探索」，就可以找到同名的入口連結，以及所有關於「探索」操作細節的說明。

但官方文件是說明書形式的流水帳，並沒有重點提示商業應用的適用性、優先性與盲點。因此，非常的枯燥難懂，在沒有使用需求的時候，要完整細讀一遍，幾乎是不可能的任務。

而本書則是帶大家透過示範帳戶的實例，實際體驗這些厲害的功能，並儘量和大家說明在實際商業應用上的場景。具備了這樣全景式的經驗，並且開始收集數據，有朝一日，碰到自己切身的商業問題時，就能夠在這些高級分析工具中，準確的挑選出最適用的解決方案。

選對了工具以後，在解決具體問題時，碰到任何困難，再回到 GA 的官方文件去尋找答案，就會變得非常輕鬆了。

Chapter

11

電子商務關鍵分析

自從通用版 GA 增強型電子商務 (Enhanced Ecommerce) 問世以來，幾乎就變成了電商企業的標配，但是由於要動態追蹤購物車品項與交易金額，與網站程式及後台資料庫的聯繫不可避免，所以 GA 官方從一開始就告訴大家，安裝增強型電子商務是技術活，不是行銷人員可以自己操作的。

但也因此，在技術安裝與商業應用上，往往存在著巨大的鴻溝。電子商務營運實務中，會碰到的問題有千百種。企業別、產業別與時間序的差異，都可能帶來全然不同的挑戰。完整安裝了 GA 增強型電子商務，可以觀察數十種指標。但這麼多的指標之間，有上、下游的關係，有輕重、緩急的區別，如果全面展開，平行並陳，反而變成亂槍打鳥，找不到目標，降低了對實戰的火力支援強度。

本書在有限的篇幅中，不打算討論抽象的上層概念，也不打算介紹工具的所有細節，但我們認為回歸到商業邏輯，有一些基本的方法論，是可攜性最高的技能，也是大部分電子商務流程繞不過去的環節。只要掌握了這些關鍵，面對電子商務複雜的場景，可以迅速找到切入點，利用 GA 數據，抽絲剝繭，挖掘出核心問題。

GA 4 事件導向的數據模型，不需要一個特殊化的「增強型電子商務」模組，所以只要依「建議事件」規範的命名原則，為交易階段的訪客互動，設定事件與參數，就可以架構出追蹤電子商務的環境。但與通用版 GA 一樣，設定電子商務相關事件時，與程式的關聯比較深，所以還是得倚賴技術人員的支援。

以下，我們就從商業邏輯的角度，擷取電子商務營運流程中，三個最關鍵，而且可以利用 GA 有效監測的節點，詳細介紹「行銷力」、「產品力」、與「受眾細分」的分析實務，以及落實到實際的營運，與行動方案建立連結的機制。

我們是以 GA 4 資源為範例，但邏輯與原理，在通用版 GA 中也完全適用。

11-1 商品「行銷力」與「產品力」的關鍵指標

11-1-1 GA 4「電子商務購買」報表

GA 4 雖然是以全方位分析工具的面貌問世，但本質上，電子商務分析的偏向性還是非常明顯的。可是，打開 GA 4「營利」項，報表數量明顯減少，除了總覽以外，只有一份聚焦於網站的「電子商務購買」報表、一份「App 程式內購買」報表，以及一份「發布商廣告」報表。與通用版 GA 的電子商務洋洋灑灑近十份報表相比，顯得輕薄不少。但是，如果仔細檢視這一份 GA 4 的「電子商務購買」報表，你會發現它的變化，比起一堆報表，反而更簡潔、專業了。

通用版 GA 的增強型電子商務報表中，顯示了比較多的交易細節，但是 GA 收集的資訊，受到訪客端各種設定所影響，數據一定不完整，所以在 GA 報表中所有的交易數據，都只能當作行銷參考，不能當作財務依據。在工具必然有較大誤差的前提下，通用版 GA 雖然企圖心很大，甚至設計了把退貨交易也納入分析的機制，但實用性比較不足。

GA 4 顯然重點就抓得不一樣。在「營利 > 電子商務購買」報表中，上方的兩張分析圖 (參見圖一)，左方折線圖，顯示前五大產品頁瀏覽量的時間序變化；右方散佈圖 (Scatter Chart) 的 X 軸與 Y 軸數值，則分別以「個別產品頁瀏覽量」和「個別產品放進購物車次數」兩個指標所構成。這裡有三個關鍵詞 :「個別產品」、「產品頁瀏覽量」、「產品放進購物車次數」。

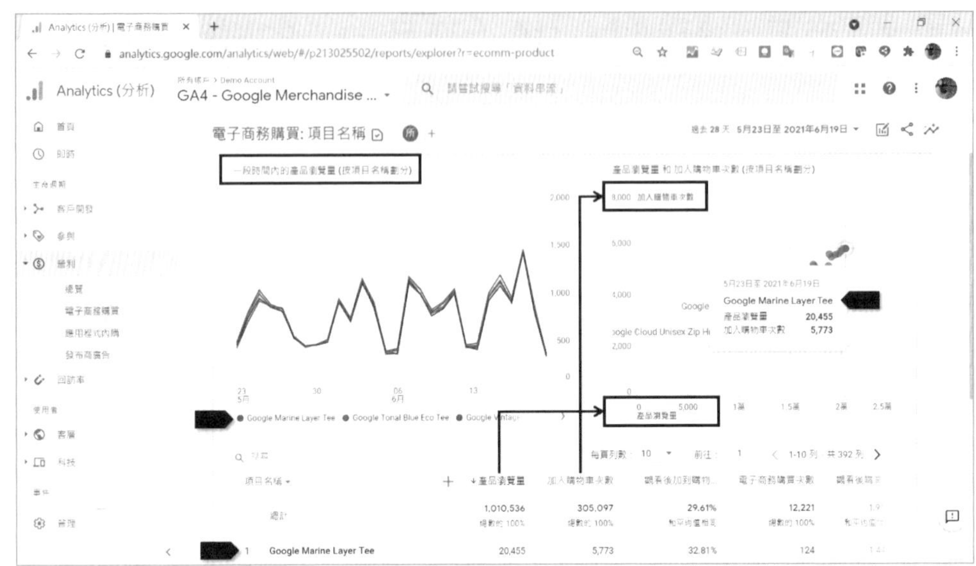

圖一、「電子商務購買」報表上的分析圖

首先解釋「個別產品」，在我們執行商業數據分析時，當然需要一些彙總數據，讓我們掌控全局。可是一旦要落實執行優化方案時，很多動作都必需針對個別商品。這兩張分析圖，都是以個別商品的粒度 (Granularity) 來呈現的，這也反映出 GA 4 的務實態度。在通用版 GA 的增強型電子商務中，雖然在報表上也有列出個別商品的數據，但是在預設的分析圖上，沒有細分到這個程度。

至於另外兩個關鍵詞的重要性，我們就在以下各節來詳細解釋。

11-1-2 關鍵節點一：產品頁有沒有被瀏覽？

在 GA 4 報表中的「產品瀏覽量」，定義是「商品詳細資料的瀏覽次數」。雖然各個電商網站的結構不盡相同，但大致來說，每個產品都有獨立的個別產品頁面，個別產品頁的瀏覽次數，就是「產品瀏覽量」。

在電子商務全流程中，可能有數十個指標可以觀察，但是在實務中，如果以輕重、緩急這兩個方向，並以「可操作 (Actionable)」為前提來挑選，我們會以「必經」，與「前端」兩個標準，來檢視所有的指標。而「產品頁瀏覽量」就是符合這兩個選擇標準的重大關卡。

當我們說「行銷」時，其實可以討論的層次很多樣，全面性的品牌定位、促銷活動、網站導流，當然都是行銷。但如果下推到執行階層，針對單一商品行銷成效的第一個檢驗點，就是「產品頁有沒有被看到？」網站的整體流量，並不代表單一商品的產品頁必然被看到。所以，必需逐一檢查個別商品的產品頁，如果產品頁被看到的次數偏低，就很難期待後面會有多好的交易成績。

個別產品頁的瀏覽量如果偏低，需要採取的行動，並不是一個人或一個單位的責任，而是需要所有管道協同作戰，分進合擊，來解決這個問題。實際行動的部分，超出了 GA 的火力範圍，GA 負責即時找出這些發生問題的頁面，讓企業有早期改善的機會。否則，等到月底，再來檢討業績不能達標，就只有徒呼負負了。

在這裡，我們可以把「個別產品頁瀏覽量」，解讀為個別商品的「行銷力」綜合指標，而且這是早期指標，即時發現問題後，還有機會去改善，所以很重要。

11-1-3 關鍵節點二：產品頁被瀏覽後，有沒有被放進購物車？

產品頁如果被看到了，接下來，有沒有「被放進購物車」就是第二個硬挑戰。

「被放進購物車」這個檢驗點，同樣符合「必經」與「前端」的條件。只要產品頁瀏覽有一定的數量，接下來就要觀察「被放進購物車」的次數。而如果「被放進購物車」的次數不足，後面依然很難期待出現多好的交易成績。

如果訪客瀏覽產品頁以後，放進購物車的意願普遍偏低，同樣不是一個人或一個單位的責任，舉凡頁面設計、產品論述與文案、定價策略、競爭分析、市場動態、消費者需求研究，所有可能的影響因素，都要納入整體考量。

在這裡，我們可以把「產品放進購物車的次數」，解讀為個別商品的「產品力」綜合指標，也是早期指標，所以同樣重要。

11-1-4 任務說明

以上，我們挑出了兩個可以早期發現，而且躲不開的必經指標，分別反映了個別商品的「行銷力」與「產品力」。而最後如果要影響營運，則要將觀測結果，與對策連結，導出合理的行動方案，這樣的分析結果，才有商業上的實際意義。

這裡要特別說明，即使以上的商品行銷力與產品力，都順利優化達標以後，並不代表交易就會順利完成。後續還有一些關鍵指標，例如血淋淋的「購物車放棄率」。但那些屬於後期指標，很容易觀測到。前期的關鍵問題都解決了，自然可以循線發現後續問題。但前期的關鍵問題，往往因為顯性不足，而被忽略了沒有即時解決，這時候，如果還在後端癡癡苦等交易結果，就變成誤會一場了。

GA 4 在麼多數據之中，特別凸顯了這兩個指標，不是沒有原因的。

在通用版 GA 增強型電子商務中，雖然沒有用分析圖特別凸顯這兩個指標，但也都是報表中現成的材料。所以後續的分析方法，無論在 GA 4，或是通用版 GA，都可以一體適用。

而由於這兩個指標的急迫性與重要性，所以即使沒有足夠技術資源，完成「GA 電子商務」安裝的企業，也不能夠就此放棄。事實上，因為這兩個先期指標，和資料庫關聯較小，所以完全可以透過簡單的頁面篩選，以及本書第七章所介紹的「以 GTM 安裝點擊事件」，由非技術人員自行設定，優先收集這兩個指標，輕易完成電子商務分析中，最關鍵的步驟。

11-1-5 以散佈圖呈現關鍵指標的策略意義

對於一個產品頁面而言，瀏覽的次數，與在這個頁面按下「放進購物車」按鍵的次數，都是可以觀測到的直接指標。GA 4 的預設分析圖，就直接用這兩個指標來繪製散佈圖 (參考圖一)。但這裡其實有一個問題，因為這兩個指標值的相關係數 (Correlation Coefficient) 較高 (參見圖二)，瀏覽次數多的頁面，放進購物車次數也有比較高的基礎，直接將「放進購物車的次數」轉譯為產品力的強度，解釋力不足。

所以我們要對數據做一些處理，計算瀏覽網頁後放進購物車的「比例」，而不是「次數」。將「放進購物車的次數」除以「產品頁瀏覽量」，得到衍生指標「% Add to Cart」，這和「產品頁瀏覽量」幾乎不相關，排除了母體數量的干擾以後，用來解釋產品力強度，才有獨立的解釋效力。

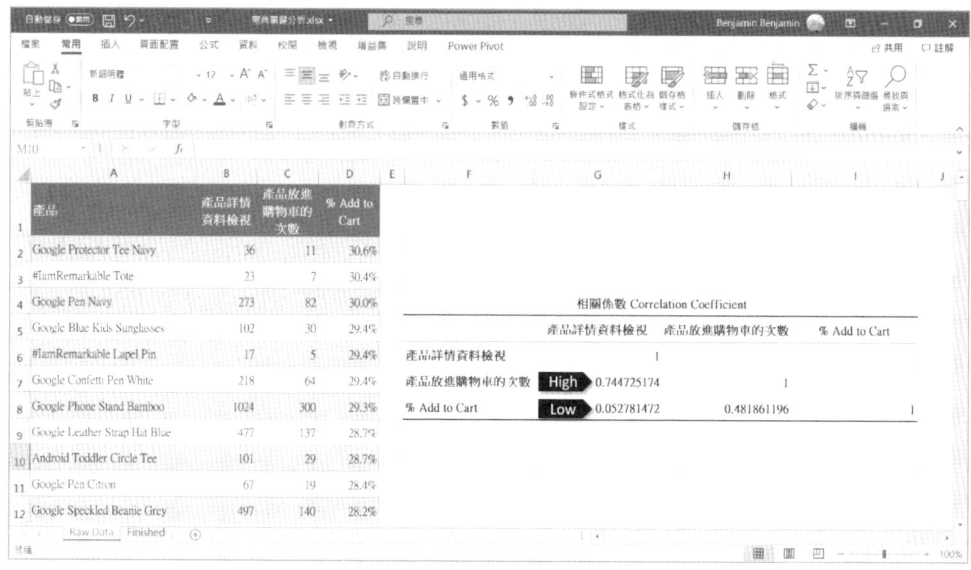

產品	產品詳情資料檢視	產品放進購物車的次數	% Add to Cart
Google Protector Tee Navy	36	11	30.6%
#IamRemarkable Tote	23	7	30.4%
Google Pen Navy	273	82	30.0%
Google Blue Kids Sunglasses	102	30	29.4%
#IamRemarkable Lapel Pin	17	5	29.4%
Google Confetti Pen White	218	64	29.4%
Google Phone Stand Bamboo	1024	300	29.3%
Google Leather Strap Hat Blue	477	137	28.7%
Android Toddler Circle Tee	101	29	28.7%
Google Pen Citron	67	19	28.4%
Google Speckled Beanie Grey	497	140	28.2%

相關係數 Correlation Coefficient

	產品詳情資料檢視	產品放進購物車的次數	% Add to Cart
產品詳情資料檢視	1		
產品放進購物車的次數	High 0.744725174	1	
% Add to Cart	Low 0.052781472	0.481861196	1

圖二、檢查指標組關聯性

分別以兩種指標組合來繪製散佈圖，就可以明顯的看出來差異 (參見圖三)。

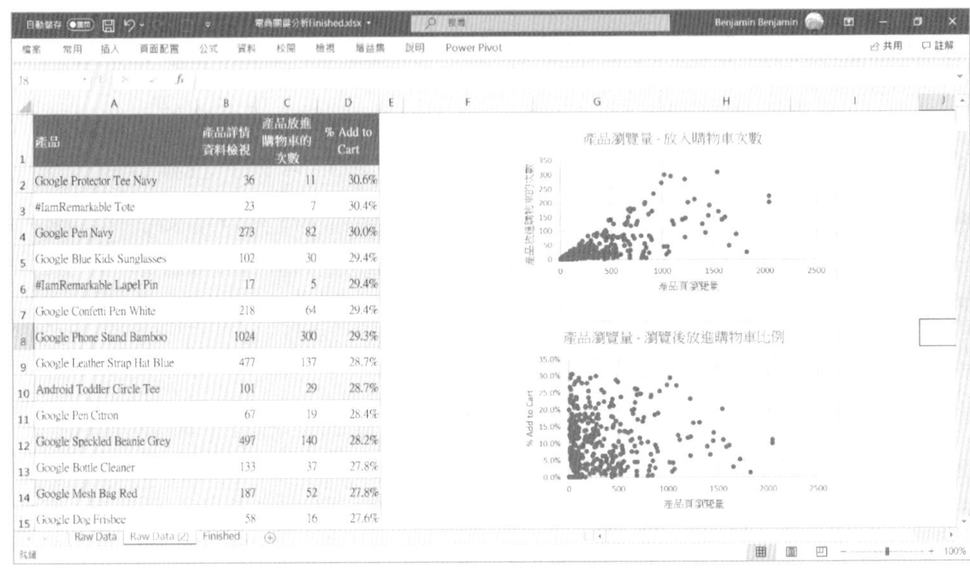

產品	產品詳情資料檢視	產品放進購物車的次數	% Add to Cart
Google Protector Tee Navy	36	11	30.6%
#IamRemarkable Tote	23	7	30.4%
Google Pen Navy	273	82	30.0%
Google Blue Kids Sunglasses	102	30	29.4%
#IamRemarkable Lapel Pin	17	5	29.4%
Google Confetti Pen White	218	64	29.4%
Google Phone Stand Bamboo	1024	300	29.3%
Google Leather Strap Hat Blue	477	137	28.7%
Android Toddler Circle Tee	101	29	28.7%
Google Pen Citron	67	19	28.4%
Google Speckled Beanie Grey	497	140	28.2%
Google Bottle Cleaner	133	37	27.8%
Google Mesh Bag Red	187	52	27.8%
Google Dog Frisbee	58	16	27.6%

圖三、以兩種指標組合繪製散佈圖

上圖是 GA 4 採用的指標組，Y 軸是放進購物車「次數」，雖然也可以用個別產品位置偏左上，或是偏右下，來分辨「產品力」強度，但終究不若下圖，Y 軸改用放進購物車「比例」，排除了產品頁瀏覽量的關聯性，直接表達產品力強度來得明確。

由於 GA 4 示範帳戶並未開放資料匯出，所以以上的數據，是從通用版 GA 匯出的。兩者指標名稱略有不同，如「產品詳情資料檢視」與「產品瀏覽量」，用字雖不同，定義其實是一致的。

另外，在 GA 4 的「電子商務購買」報表中，已經有一欄「觀看後加到購物車的比例」，要注意的是，這個現成的比例值，定義是「放入購物車的人數」除以「觀看產品頁的人數」，並不是報表中前兩欄「產品瀏覽量」與「加入購物車次數」相除的結果。

我們當然可以直接以「觀看後加到購物車的比例」這個現成的指標值當作 Y 軸數值，但這樣一來，X 軸數值就應該是「觀看產品頁的人數」，最後繪製出來的散佈圖，其行銷意義與判讀角度，也會完全不一樣。

我們在範例中，還是採取「瀏覽次數」的視角，所以打算把數據匯出，離線使用 Excel，自行將「加入購物車次數」除以「產品瀏覽量」，導出「% Add to Cart」，當作 Y 軸數值，與「產品瀏覽量」配對，繪製散佈圖。

以下的幾個小節，我們就來示範匯出數據後，如何逐步將「分析結果」與「行動方案」連結的完整步驟。

11-1-6 標示出有意義的分類才是目標

當我們以成對的「行銷力」與「產品力」關鍵指標，繪製出散佈圖以後，接下要問的問題是，這樣做的目的何在？

如果熟悉散佈圖的使用，當然可以看出很多不同的數據意義，但在這一個電子商務分析的應用範例中，主要的目的是針對每項產品，就其「行銷力」與「產品力」現況，加以分類，然後根據各分類，針對性的設計優化行動方案。

這個工作可分成兩部分，第一部分，是面對散佈圖，分別就 X 軸與 Y 軸數值，訂出需要採取不同對策的分界點。

執行這一階段的工作，除了對於產品現況要有足夠的理解以外，還要對於行動方案中資源的調度與運用，了然於胸。

分級如果太粗放，同類特徵不明顯，難以設計優化對策；分級如果太細緻，沒有足夠的資源去同時執行太多的優化方案。而分界點的位置，對於後續優化方案的設計，也有絕對的影響，所以這是需要配合領域經驗，應該由資深人員介入的工作。

實務上，我們最偷懶的方法，就是 X 軸與 Y 軸都只設一個界點，分為優、劣兩區段。這樣一來，在散佈圖上就可以標出優優、優劣、劣優、劣劣四個類別區，然後針對這四個類別區，分別設計優化或維持方案。

因為資料點數目可能很多，以我們的範例而言，算是很小的規模，只有三百多個產品，可是要在散佈圖上直接標示這些產品，就已經很不實際了。更遑論如果有成千上萬的產品，後續要怎麼做？

第二部分的工作，就是訂定分界點後的處理，先在散佈圖上把各區位置，分別訂出標籤，然後把各區的標籤，貼回到原始資料表中的各個資料點上，這樣才能夠得到註記了各分類的產品報表，匯入後續優化作業的流程。

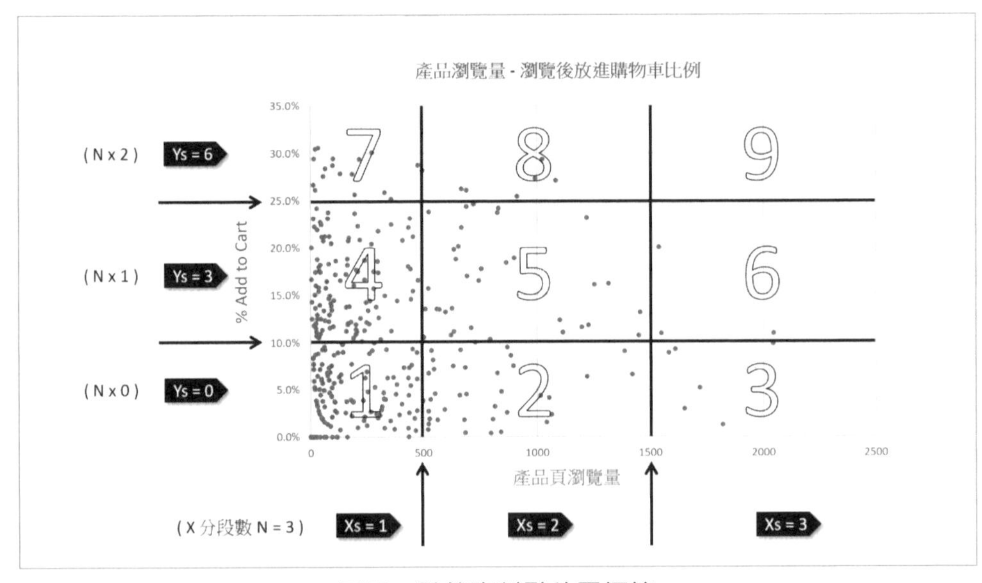

圖四、計算資料點位置標籤

這一部分的工作，我們在範例中以 Excel 來處理，詳細步驟如下。

假設經過判斷，X 軸數值分為 N 段，就將此 N 段，分別以 1 至 N 來標示。範例中 N=3，所以分段標籤就是 1、2、3。

而 Y 軸數值，無論分為幾段，就由下往上，以 N * 0、N * 1、…… 來依序標示。範例中 Y 軸數值同樣分為三段，所以各段標籤由下往上，就是 0、3、6。

最後，只要用函數，將 X 軸數值與 Y 軸數值，貼上各軸分段標籤後，再將兩個標籤值相加，就可以得出該數值在散佈圖中的區域位置標籤。

至於如何依據分界點，計算 X 軸與 Y 軸分類標籤值，任何數據工具都可以處理，如果使用 Excel，則無論使用 if、ifs (2019 or later)、vlookup、xlookup (365 only) 等函數，都非常方便。我們最建議的方式，是將界點和標籤設為表格 (Table)，然後使用 vlookup 或 xlookup 函數執行模糊參照，這樣處理的好處，就是工作彈性最大，未來調整界點或分段數，都無需修改函數，只要直接改寫表格就好了 (參見圖五)。

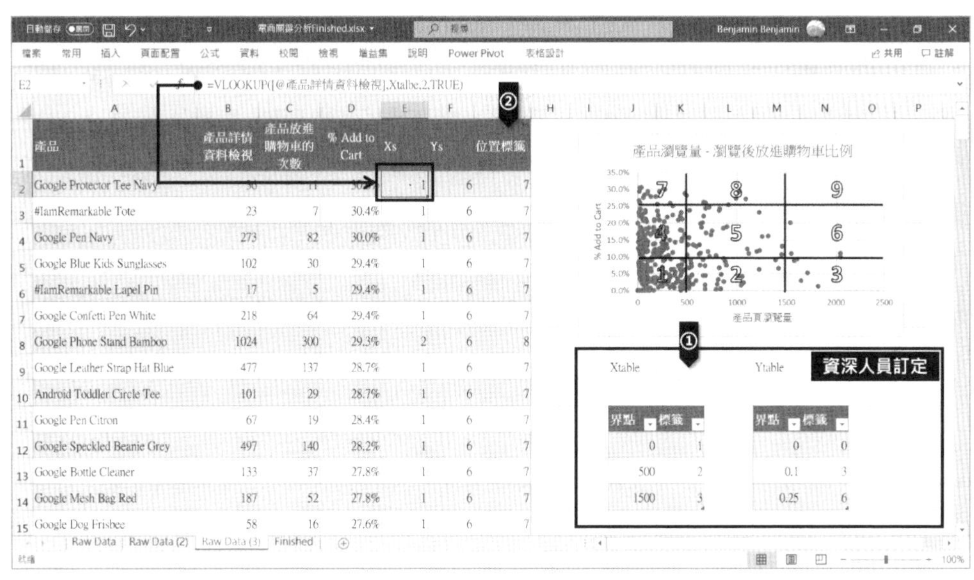

圖五、散佈圖分析的最終數值處理

最後，將加貼了分區位置標籤的產品清單，交由權責單位，依各分類特性，分別採取不同的策略，優化其行銷力與產品力。做到這一步，分析的工作才算告一段落。

11-2 細分受眾

前面介紹了三個關鍵節點的前兩個：個別產品的「行銷力」與「產品力」，這都是屬於「事」或「物」的範疇，接下來要介紹的就是「人」的影響。

關於分析「人」的問題，首先要釐清，精準分析受眾，當然有其威力與效果，但也不是對每一種產品或商業型態，都一樣有效。所以一定要對自己的條件與環境，有充分的理解，再來分析「人」才會有意義，如果只是一股腦把 GA 的功能照單全收，很可能花了很大的力氣，而不一定會得到好的結果。

根據筆者多年來輔導企業的經驗，對於產品、作業流程的優化，如果有好的分析工具，確實可以省下很多功夫，少走冤枉路，快速提升企業的營運成效。

但是如果想要對於「人」做一些深度的行銷規劃，譬如建立推薦系統、執行再行銷、建構客戶終身價值模型，請先拋開所有的工具與技術，就用商業語言說說看，企業與客戶之間，現存有哪些堅固的綁定 (Bonding)。如果說不清楚現況，即使用了厲害的工具，也可能發生兩種情況，一是根本不曉得要抓住什麼東西；二是像 GA 4 這類人工智慧輔助的聰明工具，提醒我們一些深層維度下，肉眼看不見的蛛絲馬跡，而我們卻拿不準該相信，還是不該相信。

分析「事、物」與分析「人」的差別，有點像是運動中的自行車與撐竿跳。前者，只要給你一台更高檔的車，通常可以馬上把成績提高一個級別；但後者，因為需要協調的肌肉與動作太多太複雜，如果沒有經過訓練，即使送你一支頂級跳竿，能不能順利起跳，恐怕尚在未定之天。

大家看到這裡，也不要太灰心，理解客戶與企業的真實關係，並不是在空中描圖，而是需要時間積累，只要期望不要過高，腳踏實地的認真去貼近客戶的行為、揣摩客戶的想法，功夫到了，客戶的面貌自然就會慢慢清晰起來。

在商業實務上，也不乏深入挖掘之後，發現降價是唯一有效的手段的案例，其它細分受眾、客製化各種厲害方案的想法，都不起作用。但只要這個結論，不是胡猜亂想，而是透過細密的研究後，根據數據推論所得，那也算是了不起的分析成就。商業策略不需要一味追求高、大、上，只要能夠幫助企業營運，提升獲利，就是好策略。在執行細分受眾的時候，千萬不要忘了這個樸素的最終目的。

11-2-1 目標對象 Audience

GA 4 中單獨拉出來一個項目，叫做「目標對象」，但因為和通用版 GA 的「區隔」有點像又不太像，讓人難以捉摸，但其實用兩句話，就可以將其本質與用途，說明清楚：

- 「目標對象」是專門為了與 Google Ads 的再行銷對接的「使用者區隔」
- 根據「目標對象」收集的名單，可用來當作在 Google 搜尋聯播網、Google 多媒體廣告聯播網和 YouTube 上再行銷的對象

在 GA 4 中，「目標對象」還有以下一些專有的規定：

- 需要有「資源」層級的「編輯」權限，才能設定「目標對象」
- 每個資源可設定 100 個目標對象
- 停用的目標對象可以封存，封存後即不佔用配額
- 編輯現有「目標對象」時，只能修改名稱與說明，不能修改內容
- 可以在報表的「比較項目」中選用
- 可以用來觸發一個事件

具有「資源」的「編輯權限」者，就可以在 GA 4 報表區，左側主選單中，點擊「設定」項下的「目標對象」，開啟現行「目標對象」的清單，點擊清單右上角「新增目標對象」，可以參考範本，也可以從頭開始，建立自訂目標對象。

如果沒有編輯權限的使用者，開啟清單後，右上角的「新增目標對象」按鍵不會出現。

由於需要編輯權限，才能夠設定「目標對象」，也間接說明了這個功能是營運管理相關的功能，而不是供一般使用者檢視報表或查詢數據的功能。

「目標對象」設定的條件可以是維度、指標、或是事件。選擇條件的細節比較複雜，通常需要配合商業問題，與收集到的真實商業數據配合，再來討論才會有意義，我們就不在這裡展開。

但在結構上，因為「目標對象」是為了收集再行銷名單，所以在 GA 4 中有兩處設定，會阻斷「目標對象」收集數據，這是我們必需要知道的流程邏輯。

因為「目標對象」可以以「事件」當作設定的條件，而在「現有事件」清單中，可以針對個別事件，點擊右方的「更多」圖標，就可以「標示」或「取消標示」為非個人化廣告 (參見圖六)。如果事件被標示為非個人化廣告，依據或選用此事件設定的「目標對象」，仍然可以在報表中作用，例如出現在「比較項目」的選項中，但就不會再當作收集名單的條件，供 Google Ads 執行個人化行銷之用。

另外，在管理區，選擇 GA 4 資源下的「資料設定 > 資料收集」，開啟後，可以發現有一個涵蓋三百多個全球地理區域的選擇清單「地理區域控制項」(參見圖七)，各地理區右方的開關可以關閉，選擇停止自該地區收集名單供 Google Ads 執行個人化行銷作為。

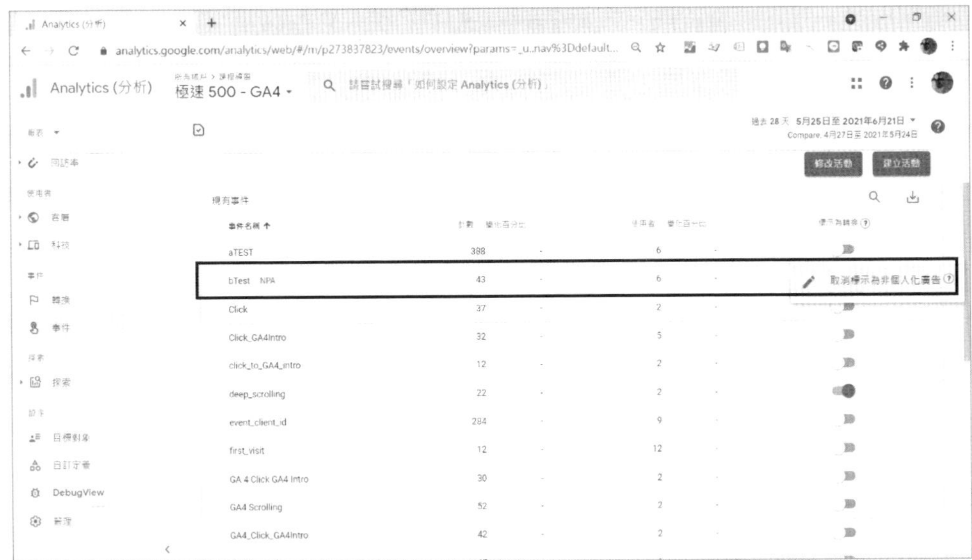

圖六、將事件標示為非個人化廣告

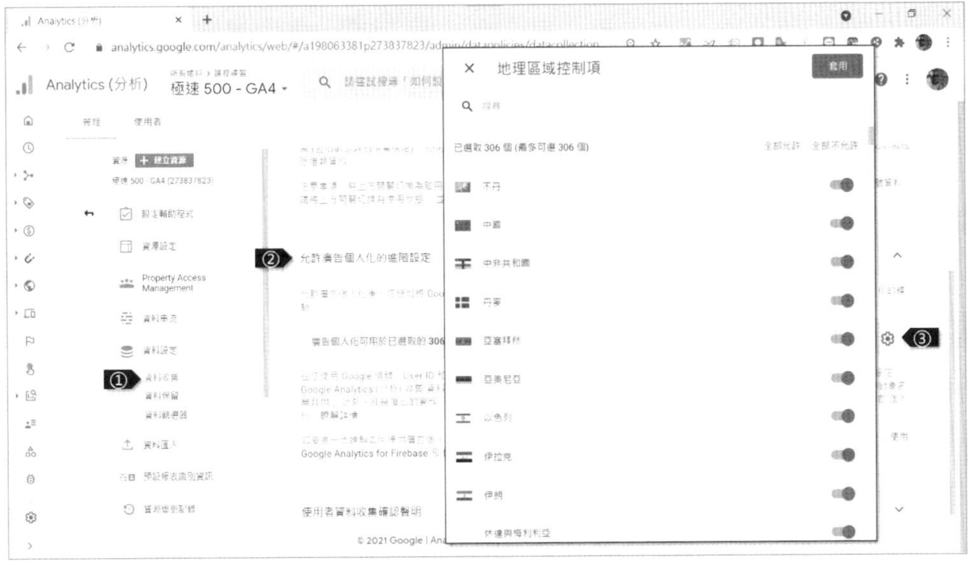

圖七、控制地理區域個人化廣告設定

11-3 GA 4 中的「目標對象」與「區隔」

對於熟悉通用版 GA 的使用者來說，在 GA 4 的標準報表中，雖然也有「比較項目」的功能，但不能儲存，需要每次重新拉選，和通用版 GA 在報表上套用預設區隔相比，方便性差了一大截。

其實，在 GA 4 中，也有「區隔」這個功能，但僅限定在「探索 Exploration」功能中，附屬於單一的探索報表，不能跨報表選用。

這又讓我們想到，在通用版 GA 中，預先設定好各種厲害的區隔，存放在「自訂區隔」區中，充當個人的「區隔軍火庫」，方便隨時選用，是最令人讚許的功能之一，但在 GA 4 中卻無法辦到。

在通用版 GA 中，「區隔」既是查詢數據的工具，同時也是收集再行銷名單的工具。但 GA 4 將「目標對象」獨立出來，自成一個功能。

雖然 GA 4 將「目標對象」和「區隔」拆分為兩個功能，但在本質上，就是一件事情，所以前述單獨建立「目標對象」以外，在探索報表中設定區隔以後，也可以直接勾選右方「建立目標對象」核取框 (參見圖八)，將設好的區隔，增設為一個「目標對象」。增設的目標對象，就與區隔同名，同時也會出現在「目標對象」清單中。

另外還有一個比較特殊的功能，將區隔同時設為「目標對象」後，還可以在「建立目標對象」設定區的下方，按「+ 新增」，建立一個事件 (參見圖八)。只要訪客符合目標對象條件，就會觸發此事件。可以用這個事件，來計算符合目標對象的訪客數，還可以把這個事件設為轉換，步驟就和一般的事件一樣。

雖然這個事件的特性和一般事件一樣，但在底層，是不同的特殊設計，配額較少，一個資源，只能設定 20 個以「目標對象」觸發的事件。

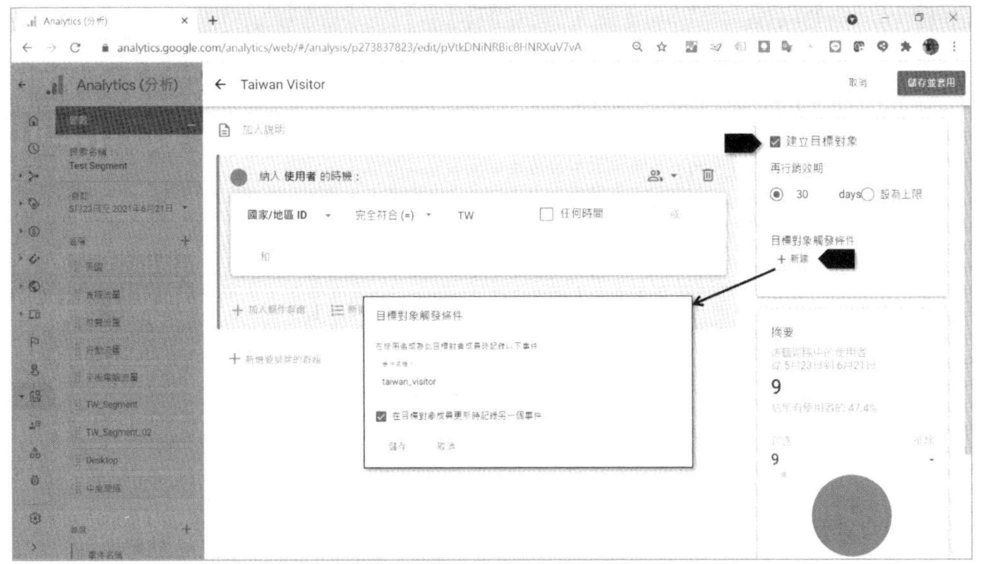

圖八、將區隔設為目標對象

在「目標對象觸發條件」設定框中，我們可以自行為此事件命名，但不能自訂參數，系統會自動為此事件設定參數。下方核取框「在目標對象成員更新時記錄另一個事件」，如果勾選，符合目標對象條件的訪客回訪時，還會再次觸發此事件，但每日僅限一次。

簡單整理一下 GA 4 報表中三個可以訂定查詢條件，篩選數據的功能：

- 標準報表上方的「比較項目」，可以針對同一報表中的數據，套用查詢條件。但僅限維度條件。
- 單獨的「目標對象」，可以直接設定，也可以從設定區隔處勾選增設。可以在「比較項目」中選用，也可以為 Google Ads 個人化行銷收集名單。
- 與通用版 GA 同名的「區隔」功能，限定在探索報表中設定與使用

以上三種功能，在通用版 GA 中，都歸併在「區隔」中。但在 GA 4 卻變得如此複雜，與「簡潔」的訴求背道而馳，所以預期未來一定還會修改。

事實上，自從 GA 4 問世以來，才短短幾個月，這幾個功能已經修改過了，將來各位如果看到不同的邏輯與程序，要知道，多變是 GA 的本色，不用驚訝。

11-3-1 找出細分受眾的密碼

「目標對象」單獨拉出來，篇幅做得很大，也是 GA 4 與通用版 GA 明顯的差異之一。但根據前面的說明，大家應該可以看出來，它的主要任務，是在已經確定「細分」的方向以後，從流程後端，將結果打包，與 Google Ads 的個人化行銷完成對接；次要任務，則是方便報表檢視。

而在更前端，行銷人真正的挑戰在於「找出細分的方向」，這一個探索的過程，不是「目標對象」的責任，很多使用者都誤會了。

要在未知的前提下，找出細分的方向，主要還是得靠人工不斷嘗試各種組合的交叉分析，去找出真正會影響成效的條件或條件組合。

標準報表中的「次要維度」，就是用來尋找細分方向的主要工具之一。

「次要維度」的意思，用白話來說，就是「你還想知道什麼？」舉例來說，檢視「電子商務購買報表」時，如果我們想知道，各個城市的成績，則只要開啟次要維度，選擇「城市」，就可以得到完整的結果 (參見圖九)。

在以「次要維度」尋找關鍵影響因子的時候，通常我們只會針對一項主維度項目，展開次要維度。否則，將完整報表一次展開，數量會太大，失去分析的意義。在通用版 GA 中，有「多層檢視」的功能，只要點選主維度單一項目，就可以單選這一項。但在 GA 4 中，目前沒有「多層檢視」的功能，不能直接單選一項。不過有替代的方法，就是使用左上角的「搜尋」功能搜尋單一項目，報表出現單一項目的搜尋結果後，再展開次要維度，同樣可以滿足交叉分析單一主維度項目的需求，這一點，在前面介紹流量開發報表時，也已經說明過了。

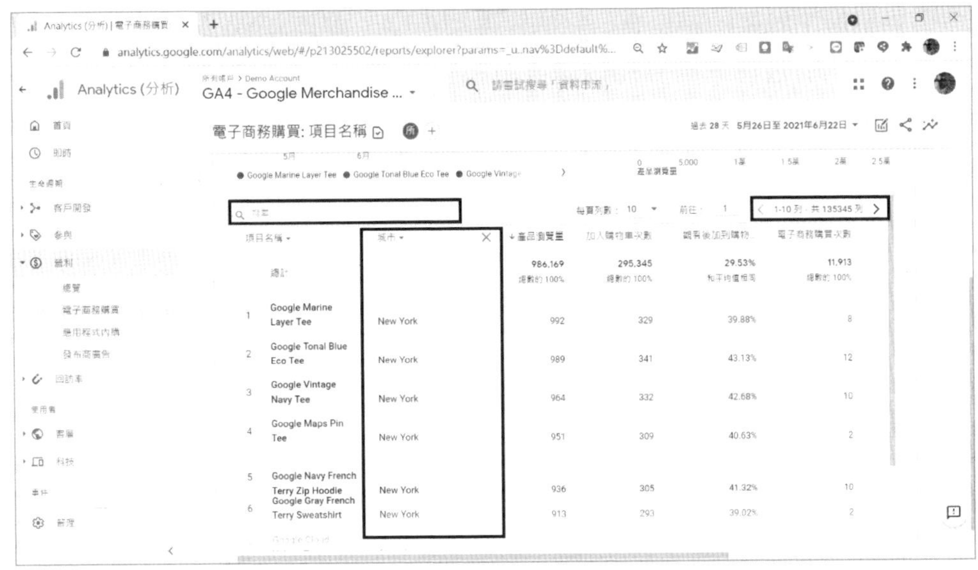

圖九、使用「次要維度」找出關鍵細分條件

另外，在「探索」功能中，如果選擇「任意形式」，也可以選擇多重維度，組合成自訂報表，執行各種交叉分析，這當然也是一種找出細分密碼的好用工具。

11-3-2 深入分析 Insights

最後，我們來看一看 GA 非常自豪的機器學習輔助決策系統「深入分析」，特別是應用於電子商務營運，這已經是一個相當成熟的系統。電子商務的經營者，如果能夠透過這套系統，將 Google 龐大的運算資源納為己用，確實是一件很幸福的事。

在 GA 4 標準報表的右上方，點擊「深入分析」圖標，就可以看到幾大類的選項，裡面包含了許多問題與解答，大家可以自行試用看看 (參見圖十)。

由於網站數據的結構有一定的深度與廣度，尤其 GA 4 開放了自由設定事件的大門，數據結構更為複雜、多變。單憑上一個小節介紹的以次要維度展開，嘗試各種交叉分析的做法，由於人力有限，很多深層細微之處其實是觸碰不到的。而 GA 4 的「深入分析」，以 Google 的龐大資源，憑藉人工智慧，真的可以看到很多肉眼不及之處。要找出細分的密碼，GA 4 的「深入分析」功能，絕對是一個不可或缺的幫手。

但不要忘了，機器學習發揮效力的先決條件，就是要有足夠的歷史數據供電腦學習。數據不足，就不可能看到什麼驚人的洞見。唯有累積了足夠的數據，人工智慧才有一展身手的機會。

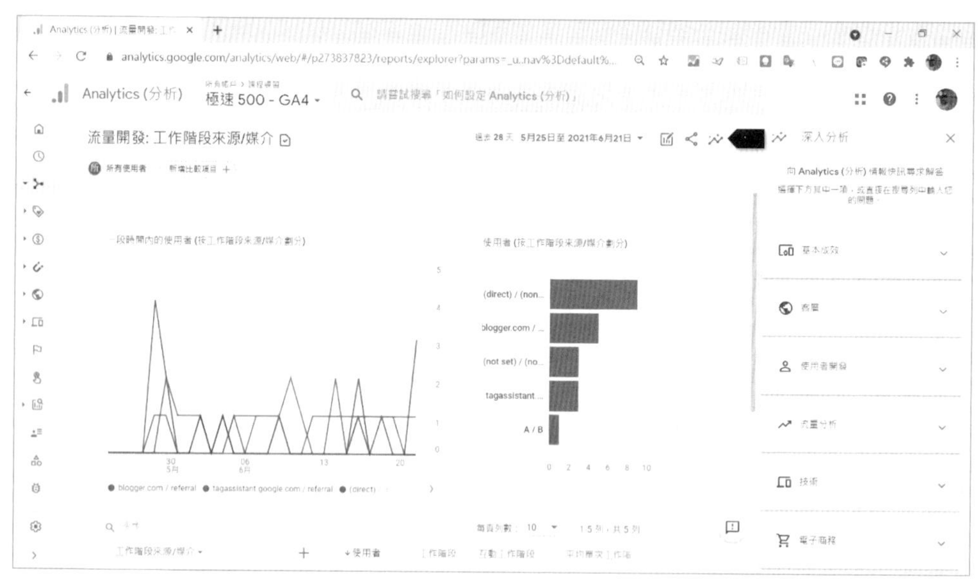

圖十、GA 4 人工智慧決策輔助系統「深入分析」

對於「深入分析」這一個功能的期待，也是我們建議大家，無論如何都要立即安裝 GA 4 的原因之一。本書在前面解釋過，累積數據是一個不可壓縮的過程，只有提早開始，才能及早收集到足夠的數據，用來餵養機器學習。放眼未來，在下一階段的電子商務戰線上，有了人工智慧的加持，可能是最為關鍵的致勝因素呢！

以上我們介紹了電子商務最關鍵的三個分析面向，希望能夠幫助大家在起步的階段，建立起關於新世代分析工具的全面視野，與商業應用的策略思維建立聯繫。更重要的是，希望大家動手執行過一次事件的設定流程之後，打開 GA 4，不再有畏懼感，取而代之的是滿滿的興趣與信心。

Chapter

12

GA 4 基礎設定

GA 並不是一個安裝好就立即可用的 Turnkey 系統，要讓其發揮威力，需要配合自身的現況與商業模式，把該做的設定都完成。設定工作從應用面到技術面，跨度很大，在前面我們花了很多篇幅介紹系統安裝、與事件相關的設定，這些多半在視線可及之處。除此之外，還有一些隱藏在操作介面之下的基礎設定，不是那麼顯眼，如果不做，可能也沒感覺，但卻都會影響到數據與判斷。本章我們就來介紹這些屬於管理者職權的設定。其中，有部分設定在前面相關的章節中已經提過，但為了維持完整性，讓大家可以用來當作一個檢查清單，所以仍然會列在本章中。

12-1 存取權管理

12-1-1 GA 使用者權限範圍

在組織中使用 GA，通常會有跨部門，跨層級的多人協作環境，因此有效管理使用者的範圍與權限，是很重要也很敏感的工作。

GA 的管理權限授予，可以區分範圍，只要進入管理介面首頁，如果是通用版 GA 資源，在「帳戶」、「資源」、「資料檢視」欄下，分別會看到「帳戶存取權管理」、「資源存取權管理」與「資料檢視存取權管理」的選項。而如果是 GA 4 資源，由於沒有「資料檢視」層級，所以只會看到前兩項。

選擇「帳戶存取權管理」，就表示授予全帳戶範圍內的權限，以下「資源」、「資料檢視」均依此類推。

12-1-2 使用者權限種類

在不同範圍內授予的權限，內容都相同，分為兩種權限，一種是執行設定與使用報表的操作權限，另一種是可以授權給別人的管理使用者權限。這兩種權限的關係是平行、不互斥，針對一個授予對象，可以任給一種權限，也可以同時給兩種權限。

12-1-3 使用者權限層級

上述兩種權限，「管理使用者」不分級，在各範圍內，都只有一個勾選項。

操作權限則分為「編輯」、「協作」、「檢視及分析」三級。其中，上級權限自動包含下級權限。

「編輯」權限就是全能權限，可以執行所有報表與管理後台的設定。

「協作」權限比較著重在分享，在通用版 GA 資源中，可設定分享以下項目：

- 多管道程序設定
- 轉換區隔
- 自訂報表
- 資訊主頁
- 區隔
- 未取樣報表

這些項目都是報表功能，所有權限的使用者都可以設定，但「檢視及分析」權限的使用者，設定後只限本人使用。如果要與他人共享時，至少需要「協作」權限。

在 GA 4 資源中，「協作」最主要的分享標的，就是所有的「探索」報表。

「檢視及分析」權限在通用版 GA 中，可以使用報表區的所有功能。但這個通則，在 GA 4 資源中，則需要稍作修正。因為 GA 4 報表中就可以建立事件、修改事件、自訂維度。上述這些牽涉到數據結構的設定，雖然操作位置在報表區，但屬於管理員職責，都需要「編輯」權限才能處理。

12-1-4 帳戶所有權

在商業實務中，如果 GA 帳戶由甲、乙方共管或協作，就需要注意「帳戶所有權」的問題。「帳戶範圍的管理使用者」權限，就是 GA 的帳戶所有權。理論上，這個所有權應該屬甲分獨有。

12-2 刪除及移動資源

12-2-1 刪除資源

具有「編輯」權限者，在管理介面首頁，選定資源，開啟「資源設定」，點擊右上角「丟進垃圾桶」選項，就可以暫時刪除該資源。這個功能，在通用版 GA 與 GA 4 都完全一樣。

刪除帳戶或資料檢視的步驟也都一樣，在各層設定項下，都有「丟進垃圾桶」的選項。

「垃圾桶」僅出現在帳戶欄下，丟進去的項目，會在垃圾桶中保留卅五天才會正式移除，這是系統設定的安全保障，不能手動提早清除。

在垃圾筒清除之前，該項目停止收集數據，但隨時可以還原，還原後繼續開始收集數據。

如果通用版 GA 資源與 GA 4 資源已建立連結，則兩者都無法丟進垃圾桶。必需先將連結移除後，才可以分別丟進垃圾桶。

12-2-2 移動資源

資源可以在不同帳戶間移動，但執行者需要具備「來源」及「目的」帳戶雙方的管理使用者及編輯權限。

同樣開啟「資源設定」，右上角就會看到「移動資源」功能鍵。實務上，如果乙方代管 GA，將所有客戶的資源置於同一帳戶下，未替甲方單獨設立帳戶時，可以請乙方新設一個帳戶，移轉資源後，再將帳戶交還給甲方。

12-3 跨網域 (Cross Domain) 設定

12-3-1 為什麼要執行跨網域設定？

跨網域設定是實務上很常見的需求，訪客進入網站後，可能要在幾個不同的網域間進、出，才能走完服務流程。但訪客自己並沒有感覺，所以不會造成用戶體驗的困擾。但對於網站分析來說，應該歸屬於同一次的完整造訪過程，卻因為技術原因，跨越網域被切分成不同的工作階段，則最後判讀數據，就會產生很大的誤差。這時候，我們就要執行「跨網域設定」，目的就是避免跨越網域的動作，導致工作階段被拆分計算。

12-3-2 多重網域服務

在通用版 GA 中，因為一個資源就收納一個數據來源，所以如果將多重網域服務視為同一個數據來源，就納入同一個資源，安裝同一組追蹤碼就可以了。

在 GA 4 中，其實和通用版 GA 一樣，多重網域服務也只要一個評估 ID。但由於同一個資源底下，還可以區分「資料串流」，收納多個數據來源，所以常被誤解，以為多重網域服務時，就開啟新的「網站資料串流」。但因為新的資料串流，會產生新的評估 ID，所以會被當成獨立的數據來源處理，這和我們對於「跨網域設定」的需求並不符合。因此當我們想要新增第二個網站資料串流時，就會看到 GA 4 的溫情提示 (參見圖一)，而正常狀況下，我們看到這個提示，就要選擇「否」，回歸僅有一個評估 ID 的正軌。

圖一、新增第二個網站串流是不正確的做法

會造成這個誤解，還有一個原因，就是 GA 4 預設以初始設定的網站域名，做為網站資料串流的名稱，讓我們誤以為如果有新的網域要追蹤，就要增設以新網域為名的資料串流。實際上，如果是跨網域設定，應該把所有網站都歸在同一個資料串流底下，儘管這個資料串流的名稱，只是這些網站其中之一的域名。

12-3-3 需要設定跨網域的多重網域服務

完整的多重網域服務流程，可能牽涉到內部網域與外部網域(參見圖二)。一般常見的第三方付費機制，或是導流到 FB 粉絲頁，同屬於外部網域。外部網域不能安裝我們的 GA 追蹤程式碼，所以從本網只能看到訪客進、出的足跡，訪客離開本網，進入外部網域以後的行為，需要要求該網域提供資料，才能追蹤監控。

內部網域又區分為相同根域名的子網域，如圖二中的 A 及 B。或是域名完全不同的跨網域，如圖二中的 A 及 C。

我們如果要將訪客跨越網域的互動當作同一個工作階段來分析，最基本的要求就是安裝同一組追蹤碼，以 GA 4 來說，無論是使用 gtag.js，或是 GTM，都與同一組評估 ID 連結，而不是新開啟一個網站資料串流。

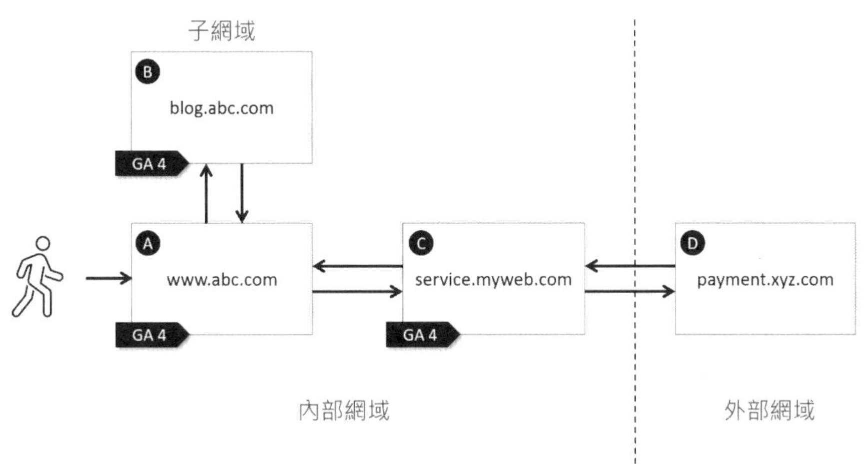

圖二、多重網域服務

12-3-4 避免跨網域導致工作階段切分

而安裝了同一組追蹤程式碼之後，訪客進入不同網域，還會因為分別安裝 Cookie，被賦予不同的 CID，導致工作階段被切分。此外，在通用版 GA 中，跨網域時因為「來源」改變，也會被切分為不同的工作階段。我們要執行「跨網域設定」，就是要避免這兩種情況發生。

在通用版 GA 中，這兩種情況要分別設定，前者要在追蹤程式碼中動手腳，後者要到後台設定。但 GA 4 大幅簡化了流程，只要在後台針對前者完成設定，跨網域互動就合併在單一工作階段之下了。

至於不需要針對後者做任何設定，是因為 GA 4 不再把「改變流量來源」當作工作階段結束的條件之一，這一點在前面說明過，不知道大家還記不記得。

而無論是通用版 GA，或是 GA 4，對於子網域間的進、出，都能自動認定，不需要執行跨網域設定。只有完全不同的網域，才需要設定。

12-3-5 執行 GA 4 跨網域設定

在不同網域中都安裝或連結了相同的評估 ID 之後，選擇對應資源下的網站資料串流，開啟「網頁串流詳情」，在最下方會看到「更多代碼設定」選項 (參見圖三)，點擊開啟「更多代碼設定」頁面 (參見圖四)，選擇下方「代碼設定」區域中的「設定網域」，開啟後，將所有內部網域的域名增列進去。

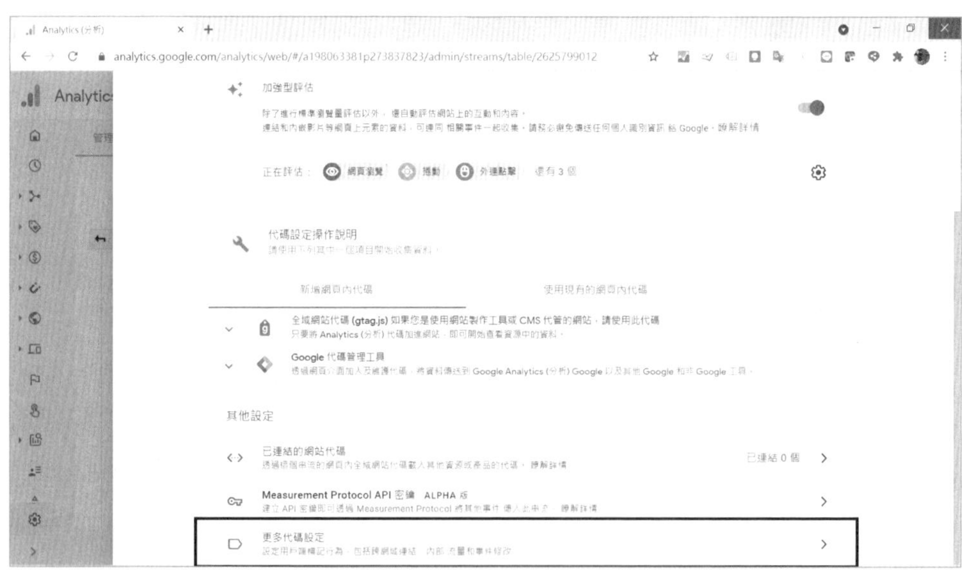

圖三、從「網頁串流詳情」頁面選擇「更多代碼設定」

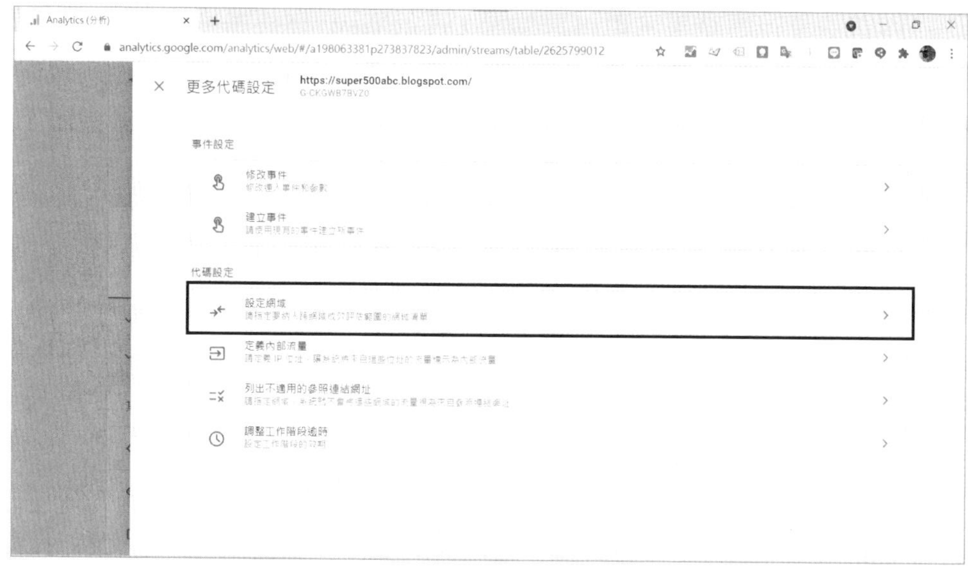

圖四、更多代碼設定

輸入域名時，不包含前綴與斜線 (參見圖五)，完成後按右上角「儲存」。如果設定成功，則在網域互連時，會在網址列中，正常網址後看到 ?_gl=xxxxxxx 的附掛參數。

圖五、設定網域

跨網域設定的結果，也可以透過 DebugView 來檢視，在安裝同一組 GA 4 評估 ID 的不同網域間，互連多次，事件 session_start 只被觸發一次。這樣就可以確認除了第一次到訪，後續跨網域的互動都不會開啟新的工作階段 (參見圖六)。

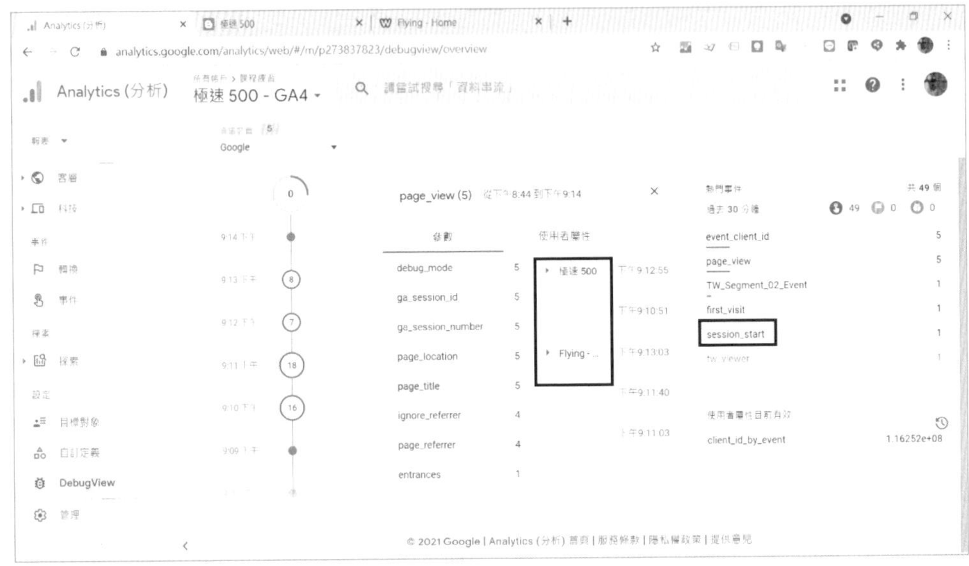

圖六、以 DebugView 驗證跨網域設定結果

12-4 以篩選器排除內部 IP 流量

一般商業網站，內部人員都要經常進站瀏覽。尤其是新上線的服務，真實訪客數量不大，進出調整的工作人員比較多，此時如果沒有將內部流量排除，則會導致嚴重誤判。

12-4-1 排除內部流量的手段

標準排除內部流量的方式，就是設定篩選器，明確定義內部 IP，然後將來自此 IP 位址的的流量，預先排除。

但在實務上，如果公司內部是固定 IP，當然沒有問題，如果是浮動 IP，就稍微複雜一點，目前 GA 4 又只開放了幾種比對類型，還沒有開放規則運算式比對，所以是否能精準定義內部流量，還要花一點功夫。

另外，如果內部人員大量從外點上網，也會造成用篩選器排除 IP 的功能失效，所以在真實世界裡，這是一個需要根據現實狀況來規畫解決方案的管理問題，而不是如本節所述的單純技術問題。

針對以上所提到的兩個盲點，其實還有一個比較偷懶的方法，但是需要同仁配合，就是要求內部人員安裝「Google Analytics (分析) 不透露資訊瀏覽器外掛程式 (Google Analytics Opt-out Browser Add-on)」，這是一個 Chrome 的外掛程式，只要用上列的名稱去搜尋，就可以在 Chrome Store 中找到，安裝之後，會阻止 GA 在瀏覽器安裝 Cookie，也就中止了 GA 的所有後續動作。如果能夠徹底執行，這個方式的效果最完整，但是要求眾人徹底執行的紀律管理，又比在源頭執行技術處理要複雜得多。

12-4-2 「選擇退出 (Opt-out)」與「選擇加入 (Opt-in)」

上一小節我們介紹的是一個具體的外掛工具，但如果檢視概念，「選擇退出」就是讓消費者在面對資料可能被收集的場域，有權要求單獨拒絕，而不需要封鎖所有人。實踐的手段不一而足，包含進站告知與選擇、專用工具如上述的外掛、或者是通用的廣告阻絕 (Ad-block) 工具，不過核心理念都是一致的。

與此同時，還有另一個伴隨的概念「選擇加入 (Opt-in)」，從經營者的角度來看，這兩者在執行上的情境有一些微妙差異，主要還是在於企業對於本身品牌與商品力強度的判斷。但兩者相同的是把選擇被追蹤監控的權力，交還到消費者手中。換句話說，經營方收集訪客資料，也就越來越難了。

西方先進國家對此立法已成趨勢，如果營運的網站是面向世界，此刻就會面臨這些規範的壓力。而如果只是本地服務，台灣目前似乎還沒有強制提供「選擇退出」或「選擇加入」的具體法令，但未來也一定會入法，大家要預作準備，迎接一個只能收集到片段訪客資訊的新時代。

12-4-3　篩選器比較：通用版 GA vs. GA 4

通用版 GA 設有多用途的篩選器，可以以各種維度為條件，預先篩選數據。但是 GA 4 並沒有這樣一個多用途的篩選器，目前 GA 4 只提供預設篩選內部流量與開發人員流量的定置篩選功能。

12-4-4　GA 4 預設內部流量篩選器

我們如果進入管理介面首頁，在選定的 GA 4 資源下，選擇「資料設定」項下的「資料篩選器」，就會看到已經有一個預設的篩選器「Internal Traffic」(參見圖七)，這是一個「排除內部流量」的篩選器，狀態是「測試」。

圖七、預設篩選器 Internal Traffic

點擊這個預設的篩選器，開啟「編輯資料篩選器」畫面 (參見圖八)。

圖八、編輯資料篩選器

往下移動，可以看到篩選器的狀態是「測試中」(參見圖九)，我們還要將篩選器的內容設定完畢，才能將篩選器改設為「有效」。

圖九、預設篩選器狀態

設定篩選器的內容，又要回到「資料串流詳情」頁面，選擇「更多代碼設定」(參見圖四)，在「更多代碼設定」頁面，選擇「定義內部流量」，由於目前還沒有定義任何一個內部流量，所以「內部流量規則」區還是空白的，按右上角「建立」，進入「建立內部流量規則」畫面 (參見圖十)，開始建立第一個內部流量規則。

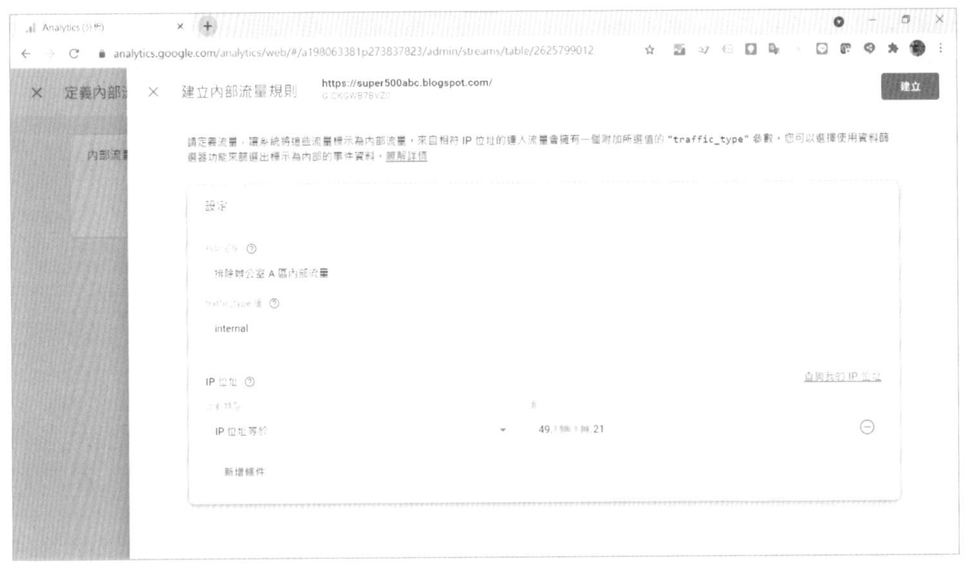

圖十、建立第一個內部流量規則

訂定內部流量規則時，「規則名稱」輸入框的說明是虛擬的，一定要另行輸入自訂的名稱。「traffic_type」是預設值，我們就維持「internal」不變。點擊「查詢我的 IP 位址」可以快速獲得現在環境的 IP 位址。於下方設定 IP 位址的比對條件後，按右上方的「建立」，就完成第一個內部流量規則了 (參見圖十一)。

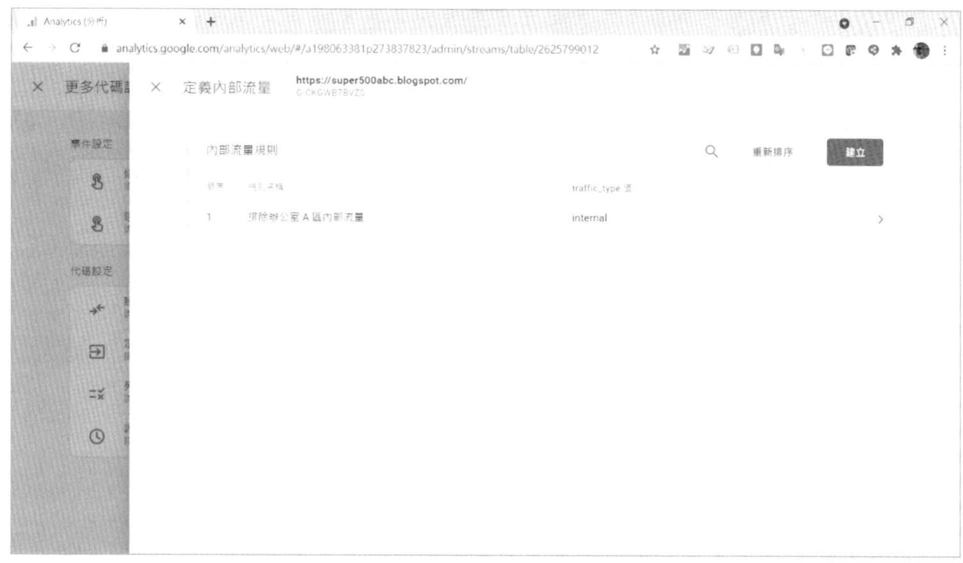

圖十一、完成第一個內部流量規則

內部流量規則設定完成後，回到「編輯資料篩選器」(參見圖十二)。

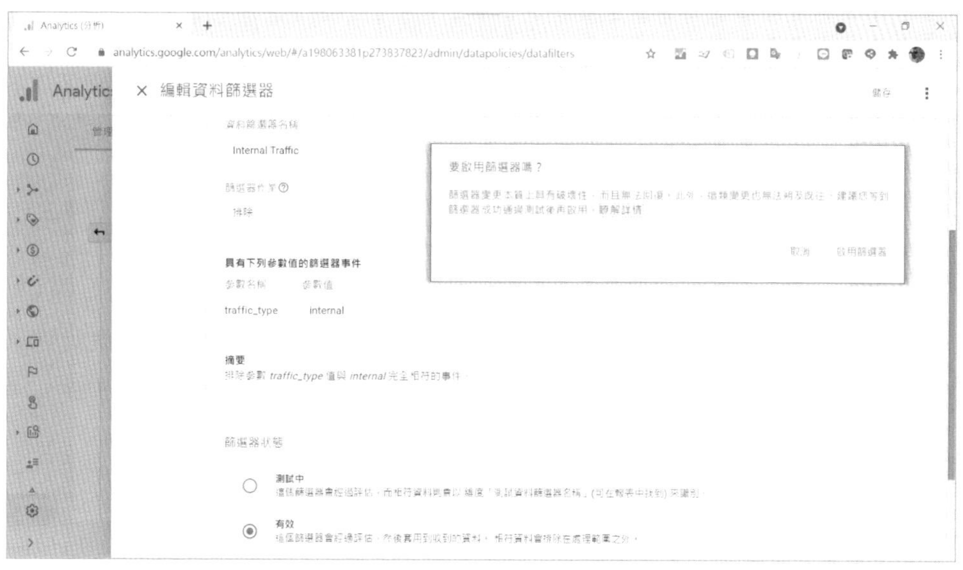

圖十二、啟用測試中篩選器

「篩選器狀態」選取「有效」，按右上角「儲存」，這時會出現提醒訊息，因為篩選器是破壞型的數據處理方式，數據一旦排除，就無法回復，所以如果還沒有確定結果，可以維持「測試中」，回到報表，選擇維度「測試資料篩選器名稱」，預覽套用篩選器的結果，等到確認無誤後，再回來啟用「有效」設定。

圖十三、預覽篩選器排除內部流量的結果

12-5 啟用 User ID 辨識機制

前面說明過，GA 4 採用三重機制來辨識訪客，如果網站已經標記並收集了訪客的登錄 ID (User-ID)，還需要在管理介面完成設定，才會發生作用。

設定的位置在 GA 4 資源下的「預設報表識別資訊」，開啟後，可以選擇啟用 User-ID 的辨識功能「按 User ID 和裝置劃分」(參見圖十四)。如果選擇「僅按裝置劃分」，則會忽略 User ID。

圖十四、啟用 User ID 辨識機制

12-6 開啟 Google 信號

如果要納入 Google 信號的辨識機制，同樣要自行設定，設定的位置在 GA 4 資源「資料設定」項下的「資料收集」。開啟後，將「啟用 Google 信號資料收集」開關打開，打開之後，就可以連結那些「同意連結這類資訊以供廣告個人化作業之用」的訪客記錄。所以訪客個人如果從 Google 帳戶設定關閉「廣告個人化功能」，則 GA 4 仍然收錄不到這一位訪客的 Google 信號。

12-7 設定資料保留期限

前面已經提醒過大家，GA 4 預設的使用者資料保留期限只有 2 個月，但可以自行設定延長到 14 個月，設定的位置在 GA 4 資源「資料收集」項下的「資料保留」，開啟後拉選「事件資料保留」即可選擇，選後按「儲存」就完成了。

Chapter

13

自訂廣告活動

先講結論，如果我們的關鍵商業問題，是「透過細分流量來源，精密監控行銷成效」，則在 2021 年夏天的此刻，通用版 GA 仍然是最有效的工具，GA 4 尚不具備取而代之的條件。

「自訂廣告活動」是通用版 GA，用來細分流量來源最重要的功能，但也是被誤解最深的一個功能。大部分使用者在使用 GA 的時候，都沒有把這個功能的效用完整發揮。而 GA 4 由於前身的特性不同，對於「細分流量來源」的功能設計，面貌有一點模糊，官方文件的說明也不夠清楚[1]。

由於書名為「從 GA 到 GA 4」，舊版 GA 並沒有缺席，所以本書並不是單純只介紹 GA 4 的「新版工具說明書」。相反的，我們的目的應該是幫助大家更深入理解網站數據分析，能夠找到最合用的工具，解決商業上的難題。所以本章回到「自訂廣告活動」這一個大家都已經耳熟能詳的題目，一個仍然對解決商業問題幫得上大忙，我們不應該忽視的老朋友。

在本章中所介紹的功能，除非特別說明為 GA 4，否則均以通用版 GA 為準。

13-1 複習「自訂廣告活動」

13-1-1 關於名稱

「自訂廣告活動」是一個大家熟悉的名稱，原文「Custom Campaign」，直譯過來並沒有錯，但原文就講得不夠清楚，名、實之間，並不相符。而大家如果細心一點，會發現大部分的官方文件現在已經改口，以「透過自訂網址收集廣告活動資料 (Collect campaign data with custom URLs)」來稱呼這一個功能，詞意就精準多了。

1 就在本書初稿已經完成，開始二校的時候，GA 4 更新了一項關鍵功能 (參見本章 13-1-6 小節)，所以我們更堅信 GA 4 對於「細分流量來源」的不足，只是準備不及，而不是策略性的缺席。短期內，就會快速補強，逐漸完善。因此，本章的內容，雖然暫以通用版 GA 為準，但未來，當 GA 4 的環境準備好以後，也可以一體適用。

只要是長年關注 GA 者，應該都為它的善變而嚐過苦頭。但平心而論，大部分的改變，都是有意義而且往好的方向走。雖然，為了精簡敘述，本書中仍然使用舊名稱「自訂廣告活動」來稱呼這個功能，而不打算改用更新後精準但極度拗口的新名稱。可是，對於 GA 的從善如流，還是要給予肯定的。

13-1-2 utm 參數工作原理

「自訂廣告活動」提供了一系列五個 utm 參數，utm 這三個字是 Urchin Tracking Module 的縮寫，也是目前 GA 的前身 Urchin，在這個世界上曾經存在過所留下的唯一痕跡。而參數的使用和已經從市場上功成身退的 Urchin 服務，早就沒有任何關係，只是一個名字而已。

這個功能的操作方式，就是在指向本網的連結網址後面，依下列格式，以問號開頭，以五個 utm 參數，自訂網址的附加註記：

super500abc.blogspot.com/?utm_source=A&utm_medium=B&utm_campaign=C&utm_term=D&utm_content=E

再將此加工過的連結網址，作為廣告或自媒體的連結網址，供訪客點擊後連入本網。

以上參數賦值 A、B、C、D、E 只是舉例，真實操作的關鍵，就在於設計這些參數值，也就是我們以下要深入探討的的課題。

賦予這五個 utm 參數的值，會分別在 GA 五個與流量相關的維度中出現，詳如下表：

No.	參數	參數值出現的維度
1	utm_source	來源 Source
2	utm_medium	媒介 Medium
3	utm_campaign	廣告活動 Campaign
4	utm_term	關鍵字 Keyword
5	utm_content	廣告內容 Ad Content

表一、utm 參數與 GA 對應的維度

五個參數排列的先、後順序，完全不影響功能。也不需要全部都用上，其中只有 utm_source 是唯一必填參數。早期還要加上 utm_medium，有兩個必填參數，但後來規則簡化，只要求 utm_source 為唯一必填。

以上這個修改，在即時報表中沒有同步更新。所以即時報表仍然維持舊規則，必填 utm_source 和 utm_medium 兩個參數。但我們本來就建議 utm_source、utm_medium、和 utm_campaign 這三個參數一定都要設定，所以「必填」的規則不統一，對實際操作不會造成困擾。

13-1-3 沒有自訂 utm 參數會有什麼結果

如果我們不執行上一小節的自訂網址參數，訪客直接點擊原始連結網址進入本網，那麼GA 就會自動幫我們判定流量來源中的「來源」與「媒介」兩個維度，判定的原則基本分為三大類：

判定原則	「來源」維度值	「媒介」維度值
從搜尋引擎導入的流量	搜尋引擎名稱 (例：google)	organic
從搜尋引擎以外的伺服器，導入的流量	伺服器全域名 (例：facebook.com)	referral
從使用者裝置直接輸入網址，或無法判定來源的流量	direct	none

表二、GA 自行判定流量相關維度的原則

由於 GA 自行判定，只會決定「來源」與「媒介」兩個維度的內容，剩下三個維度「廣告活動」、「關鍵字」、「廣告內容」，都會列記 (not set)，也就是「沒有資料」的意思。

GA 4 報表處理方式有些不同，由系統判斷時，同樣只判斷「來源」與「媒介」，但會將「媒介」的內容，也套用到沒有資料的「廣告活動」維度，所以會在兩個維度下，看到相同的內容。不過，這一類比較奇怪，而且沒有明確商業邏輯支撐的處理方式，都不是穩定設計隨時可能會修改。

在 GA 4 中，我們會看到流量相關維度，經常還加註了其它分類，以「來源」維度為例，還分為「工作階段來源」與「使用者來源」，但這不是以流量的來源做劃分，而是以使用者屬性做劃分。依據的同樣都是前端所定義的來源，與執行「自訂廣告活動」沒有任何影響。

13-1-4 自訂 utm 參數的時機

如果我們自己不訂定 utm 參數，只依賴 GA 自動判定的「來源」與「媒介」，依然可以分辨出不同的流量來源，但是有兩個問題，第一個問題，這樣的分類太粗放，舉例而言，所有從臉書導入的流量，都會被歸為一大類。但其中可能包含了側欄廣告、付費推廣貼文、粉絲頁無料貼文，如果再細分，還有各種不同調性、不同目的的貼文。所有這些不同概念的組合，所帶進來的流量，全部混在一起，無法分辨。對於我們想要透過數據分析，找出優化的關鍵因素，所能提供的幫助就很有限了。

第二個問題，我們可能會發現有大量的流量，被歸類為 (direct) / (none)，也就是「不知道從哪裡來」的意思，這也和我們想要精準掌握行銷成效的意願背道而馳。

所以，大部分的時候，我們不能倚賴 GA 對流量來源的自動判斷體系，而需要自己動手來執行合理的細分分類。

至於有哪些來源，容許我們自己動手添加網址參數呢？這個問題，用負面列舉比較容易回答：除了「自然搜尋，無法附加網址參數」、「Google Ads，無需附加網址參數」，以及「熱心好友義務推薦，無從得知」這三種情形以外，所有付費廣告、免費平台與自媒體來源，我們都可以，也都應該以「自訂廣告活動」的方式，來建立「細分流量來源」體系。

13-1-5　我們會用到哪幾個 utm 參數？

大家都知道 GA 提供了五個 utm 參數，但在實務上，我們只用四個，強烈建議不要用 utm_term 這個參數，因為這一個參數的值，收集後是納入 GA「關鍵字」維度之下。而「關鍵字」這一個維度中，還包含來自 Google 關鍵字廣告的「購買字詞」，以及自然搜尋的「訪客查詢字」。

雖然目前 GA 基本阻斷了來自 Google 與 Yahoo 自然搜尋的訪客查詢字，但少數漏網之魚以及其它次要搜尋引擎的訪客查詢字，仍然會出現在報表中的「關鍵字」維度下。

如果再加上我們自行設定的 utm_term 參數值，在「關鍵字」一個維度之中，可能出現三種來源不同、性質各異的訊息，對於我們的分析沒有幫助。而且，透過處理數據的小撇步，我們也不差這一個參數，所以大家除非有不得已的理由，請務必停止使用 utm_term 這一個參數。

13-1-6　欣賞 GA 的善變

走筆至此，原來在這個段落，花了一些篇幅說明 GA 4 沒有收錄 utm_term 和 utm_content 這兩個參數，前者因為我們建議不要用，所以無關緊要；而後者是我們在使用通用版 GA 時，高度倚賴的一個參數，少了它，在 GA 4 執行「自訂廣告活動」，就需要採取變通的做法。

但就在本書二校的階段，為了慎重起見，筆者再次到 GA 4 的官方說明中確認，目前的確沒有收錄這兩個參數 (參見圖一)。

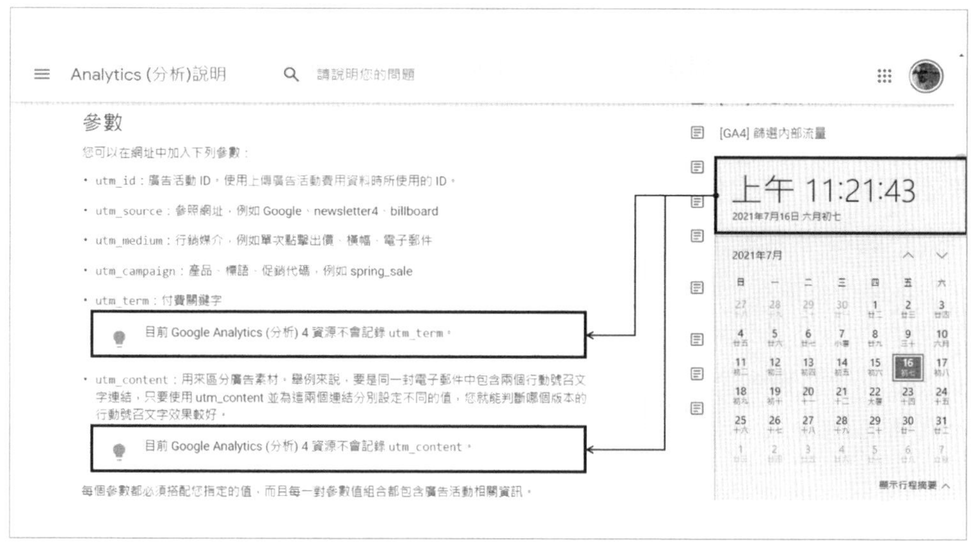

圖一、GA 4 關於 utm_term 與 utm_content 的官方說明

但在檢視完官方文件後，心血來潮，決定實測一次，卻在 GA 4 的即時報表中，首次看到了 content 與 term 的身影，如果再往下展開，也都正確的記錄了參數中對應的參數值 (參見圖二)。原來，GA 4 已經悄悄更新了這個功能。

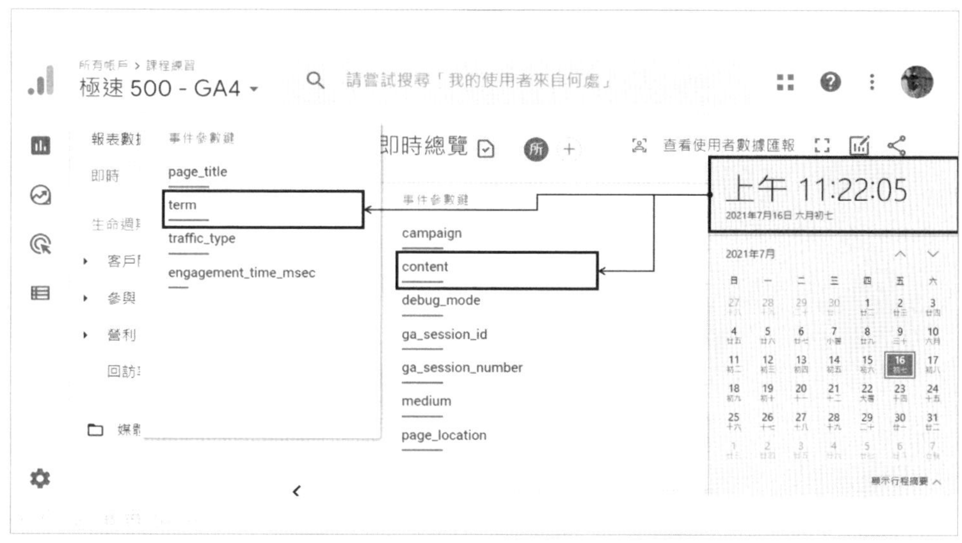

圖二、GA 4 關於 utm_term 與 utm_content 的實際執行結果

因此，我們決定相信實測的結果，刪去了大段因為 GA 4 暫不收錄 utm_content 而要採取變通方法的相關敘述。

上面這一個實際的例子，可以讓大家感受一下面對 GA 蓬勃的生命力，給我們帶來的驚喜與驚嚇。過去在通用版 GA 的年代，雖然改變也是家常便飯，但那畢竟是在一個長期摸索的成長階段，節奏還算平緩。如今的 GA 4，前面有完整通用版 GA 的經驗可資參考，所以節奏加快。我們現在看到很多兩者的差異，大家要有能力去分辨，哪些是 GA 4 採用了進步的思維，代表未來性；哪些其實是 GA 4 的不足之處，目前正在跨大步追趕中，隨時可能更新的功能。

這裡我們就具體點名一個功能，雖然證實了 GA 4 已經開始收集 utm_content 這個參數，但還要將其自訂為維度，才能在報表中呈現。而目前 GA 4 的自訂維度功能，只限於「事件層級」與「使用者層級」，缺乏「工作階段層級」。

所有流量來源維度，都屬於「工作階段層級」，也就是說，一個工作階段，應該只有一個共同的流量來源。所以，預測未來，GA 4 可能會在報表中直接加入「廣告內容」維度，也可能開放自訂「工作階段層級」維度，更可能兩者皆是，大家且拭目以待。

我們在這裡作廢了大段已完成的文字，一點都不覺得可惜，反而非常興奮，GA 4 沒有讓我們失望。後面我們深入說明應用 utm_content 這個參數的方法時，就不用再反覆數落 GA 4 的不足了。

13-2 定義數據的價值

非資料技術相關專業的朋友，在談到「數據分析」時，往往被媒體資訊誘導，神話了對數據的認知，誤以為有數據就可以天下無敵。但其實數據和其它物質一樣，也有巨大的品質差異與價值差異。

通常結構嚴謹、定義清楚、缺漏值不多的數據，我們認為是品質較好的數據。如果遇到品質不好的數據，在執行數據分析的時候，單單數據清理，可能就要占用掉七成以上的專案資源。

而數據的價值，則與數據收集的時候，附掛了多少有意義的資訊相關。以數據語言來說，就是「在數據上加貼特徵標籤」。

商業端的朋友對這個步驟比較陌生，但是這其實與商業策略息息相關，反倒是工具與技術，只是支援的角色。所以，營、管、決策人員，在數據流程的這一個階段，都應該要深度涉入。

13-2-1 為數據加值的實例

我們用一個具體的例子來說明「透過加貼特徵標籤為數據加值」的商業概念。大家如果到超商買東西，在結帳的時候店員掃描完商品，按下結帳鍵前，還會先按另外一個鍵，來記錄客戶的客層。以統一超商為例，有一組以「性別」與「年齡層」組合的複合客層鍵，分別是「小男」、「小女」、「中男」、「中女」、「青男」、「青女」、「壯男」、「壯女」、「老男」、「老女」等十個選項，由店員以目視判斷後，按鍵記錄下來。

首先預告一下，這個功能最後並沒有發揮預期的作用，但那是屬於流程設計的問題，我們留待最後再來說明，現在先來討論設計這個功能背後的數據策略與商業思維。

我們可以把顧客到店購買，想像成一個「事件」，只要結帳，就觸發這個事件。在 POS 結帳的時候，必不可缺的基本參數，包含購買品項、購買數量與結帳金額。把這些記錄下來，就是數據。但如果我們想要讓這一組數據更有價值，可以在收集數據的當下，把預想可能有價值的其它資訊，一併打包，以參數附掛到這個「結帳」事件的後面，這就是設計這一組客層鍵的原始想法。

大家可以試想一下，我們如果收集到一組只有品項、數量、金額的交易資料，和另一組還可以根據性別 / 年齡層，加以分類檢視的交易資料，有什麼不同？如果再想像一下，把資料量放大到巨量的時候，這兩組數據的商業價值是不是就大不相同了？這就是一個典型想要為數據加值的構想。

至於這個設計最後只是聊備一格，並沒有真正發揮功能的原因，是因為設計者對於超商店員的工作強度估計失了準。原本以為要求店員在結帳時，目視判斷一下顧客的性別 / 年齡層，然後在鍵盤上找出正確的按鍵按下去，是很小的動作。但實際上，現在超商因為顧客量大，服務項目既多且雜，櫃檯變成了高強度作業區。在這樣的工作條件下，增加任何「判斷」與「選擇」的動作，都會消耗人員能量，影響作業節奏，所以大家如果實地觀察一下，就會發現雖然這組按鍵目前還在，但店員結帳時，都不會耗神去「判斷」客層與「選擇」按鍵，而只是隨意亂按一個鍵。總部現在對這個狀況也瞭然於胸，所以也不再根據「亂按」收集到的數據，再花資源去做任何分析、研判。設計這個功能為數據加值的想法沒有問題，最後沒有成功，問題是出在對現場作業流程的誤判。

13-2-2 「為數據加貼特徵標籤」的作業特徵

加貼特徵標籤，為數據加值的作業本身，有兩個明顯的特徵，第一是難以回溯，如果沒有設計一個流程，在數據收集的入口，就把特徵標籤貼上去，等到數據入庫以後，想要回頭再去加貼，幾乎是不可能的任務。

為數據加值的第二個特徵，就是數據的價值，完全奠基於「積累」，無論是傳統的統計分析，還是現在熱門的人工智慧、機器學習，都需要在足夠的歷史數據之上，才能有效展開。而商業數據大部分都是時間序列數據，不像實驗室數據，可以加大投資，一次把大量數據憑空生出來。既然是積累的成果，所以早做早有、晚做晚有、不做就沒有。對於企業來說，何時是開始有系統收集數據的最佳時機？答案明確而簡單，就是「昨天」。

以上的兩個特徵，其實是一體的，開始收集數據，才會有數據的積累；加貼特徵標籤，積累的數據才會有價值。所以，規劃收集數據並為之加值，是一個需要先期規劃，屬於基礎工程的動作，事後難以靠執行力來補救。從組織行為的理論來看，這種前瞻型的任務規劃，當然是決策人員的職責，絕不是 IT 部門或執行階層可以承擔的責任。

13-3 從「事件」的角度來解釋「自訂廣告活動」

在只有通用版 GA 的年代，由於採用高階工具的設計概念，預設收集的數據比較完整，沒有全面開放以底層「事件」收集數據的機制，所以大家對於自訂參數比較陌生。但前面我們已經仔細研究過 GA 4 的底層數據架構後，對於「事件」與「參數」有了比較完整的認識，再回過頭來看「自訂廣告活動」，就會發現其實和「事件」的架構完全一樣。

我們可以把「點擊進站」視為一個記錄訪客互動的事件，只是這個訪客互動，發生在站外，不在 GA 的轄區範圍內。每次有人在不同的位置、不同的時空條件下，點擊本網的連結網址，就會從網站外觸發一次進站的事件。而觸發這個事件後，同樣會產生一系列相關的參數，有些參數是系統可以偵測並收集的，例如觸發時間、觸發地點、觸發裝置。但也有一些主觀的條件，是我們在設置這個連結點時的安排，不屬於系統資訊，可是對於後續的分析很重要，例如這個網址連結屬於哪一檔促銷活動？或是由哪一個廣告商負責執行？這些不是工具可以偵測到的系統變數，但卻是重要的管理變數。而因為這些變數通常和我們將連結網址放在何處相關，所以我們可以在放置連結網址的時候，就告訴系統：如果在這裡觸發了進站事件，請順便把這些預設的管理變數帶回來。utm 參數就是當外部觸發連結網址時，將相關的管理變數記錄下來的工具。

所以，我們如果把 utm 視為「訪客進站互動伴隨的參數」，它的用途與範圍就更明確了，所有與這個「進站互動」相關的重要管理變數，我們都可以預設在連結網址的後面，當連結被觸發時，一併帶回 GA。

長期以來對 utm 參數最大的誤解，就是將其限制為記錄流量來源的參數。我們當然可以用它來記錄流量來源，但參數的本質是中性的，並沒有內容的範圍限制。任何重要的管理變數，都可以用這個參數來記錄。

回顧 13-1-1 小節，如果仔細推敲官方現在對這個功能的說法：「透過自訂網址收集廣告活動資料」，關鍵字是「廣告活動資料」，原文為 Campaign Data，依定義，遠遠超過流量來源資料的範圍。

釐清了這一個誤解之後，我們對於 utm 參數的認知，就可以回歸到「加貼特徵標籤，為數據加值」的底層原理。有了這樣的認知，才可以將這個工具的應用範圍，推展到最大限度。

13-3-1　四個可用參數可以收集多少個管理變數？

utm 參數有五個，但前面已經說明過不要用 utm_term，所以可用參數只有四個。如果一個參數放一個管理變數，那麼我們就可以為這一個連結，加貼四個特徵標籤。

GA 4 的事件，為我們預留了廿五個參數的空間，在網站數據分析實務上，會把這些參數用完的機率非常小。根據經驗，廿五個參數的配額數量，絕對超過所需，所以我們就不用節省，一個參數貼一個標籤，簡單直觀。

而點擊連結網址可以附掛的 utm 參數只剩下四個。如果大家乖乖依照 GA 設計的名稱，一個蘿蔔一個坑，只收集流量相關的四個參數值，當然就沒有參數數量夠不夠用的問題。但是，如果用前述的邏輯來思考「廣告活動資料」，範圍就一下子擴大了，訪客點擊連結網址的時候，伴隨的資料，只要和廣告活動相關，可能影響營銷成效，都可以收集起來，加以分析。但這樣一來，想要收集的特徵標籤，數量就可能不只四個，現有的配額就不夠用了。

這裡出現了對 utm 參數的第二個誤解，就是「GA 給了我們四個參數，所以我們只能收集四個管理變數，當作特徵標籤」。從數據處理技術來看，如果我們把一串數據封裝起來，放在同一個參數下，收集回來之後，再拆解還原成獨立變數，以現行任何數據處理工具或程式而言，這都不是問題。具體如何操作，我們留待後面說明，現在先確定一個策略性的原則：我們想要藉由四個 utm 參數，傳遞到 GA 的資訊量，完全沒有數量的限制。只要商業需求夠明確，限制數量的框架，輕而易舉就可以破除。

13-4 utm 參數的命名規約 Naming Convention

13-4-1 統一命名規約的重要性

在為 utm 參數命名的時候，最常發生的錯誤，就是各單位、各承辦人單獨作業，雖然頒布了統一的規則，但因為最後下參數時，還是「人」在執行，因此，大寫與小寫、留空或連接、底線還是中線，這些細瑣的差異一定層出不窮。而系統是非常死板的，數據有任何一點小差異，就會判定為不同類別，這樣的結果會嚴重影響判讀，最終導致數據的效度大打折扣。

這時候，一份統一的命名規約，就變得非常關鍵，管理並維護完整的命名規約，是讓「自訂廣告活動」成功運作的第一個條件。

我們建議的命名規約 (參見表三)，格式很簡單，但如果想要覆蓋企業所有與營運相關，而且可收集的「廣告活動資料」，則需要資深人員參與，長時間反覆思考、驗證，才能逐步推進完成。

	utm_campaign	utm_source	utm_medium	utm_content
對應維度	廣告活動	來源	媒介	廣告內容
使用說明	廣告活動名稱	投放平台	廣告形式	雜項
待用內容	■ 春季大拍賣 ■ VIP 回娘家 ■ ……	■ Google ■ FB ■ ……	■ cpc ■ banner ■ edm ■ ……	■ xx_yy_zz ■ ……

表三、utm 參數命名規約模板

13-4-2 參數排序

談到 utm 參數時，無論是官方文件或一般習慣，都是從 utm_source 開始，但是從營運的角度來看，廣告管理的層級，上層建築一定是「廣告活動」，從「廣告活動」開始，再逐級向下展開。舉例來說，如果有一檔「春季大拍賣」的行銷活動，會在數個平台同時露出。這時候的管理主體，一定是「春季大拍賣」，而不是投放平台。所以命名規約的階層設計，就從廣告活動向下展開，以符合商業思考的邏輯。

此外，由於 utm 參數一般會直接出現在點擊後的網址列，屬於公開資訊，utm_source 所顯示的平台名稱，就算公開，也沒有什麼大問題，因為訪客就是在這個平台點擊連結的。但是廣告活動名稱，通常是企業內部資訊，所以我們不會像 (表三) 一樣，直接以明碼標示廣告活動，而會以代號表示。為每一個廣告活動訂定一組代號，就是管理命名規約的頭號任務。

13-4-3 命名規約中的各參數用途

四個參數中，GA 建議「廣告活動」、「來源」、「媒介」這三項，用來註記廣告歸屬、投放平台，以及廣告的形式。這些資料，本來就是我們在執行任何數位行銷活動時，都需要收集的基本資訊，所以我們就不做變動，遵循 GA 的建議用法，直接把這三項對應的常用參數值，納入命名規約。

最後一項 utm_content，我們可以將其視為「雜項」，把所有其它想要收集的資訊，以固定順序和分隔符號，記錄在這一個參數下。例如，我們除了前三個基本參數之外，還想要收集每一則貼文連結的「調性、小編、流水號」三種資訊，就可以將這三項資料，以「utm_content=tone_editor_sn」的格式，記錄在一個參數下。如果還需要收集更多的資訊，當然可以繼續延長。只要順序與分隔符號固定，收集到手以後，將合併為單一字串的多個參數，還原為多欄獨立變數，處理起來非常的簡單。

13-4-4 命名規約的策略思維

根據以上的說明，擺脫了「範圍」與「數量」的限制以後，utm 參數的位階，就不再只是執行層的操作工具，而提升到略層的行銷情報支援架構了。

「執行層」與「策略層」的最大分野，就在於「記錄現況」與「探索未知」。任何可能會影響行銷成效的因子，我們都可以透過 utm 參數記錄起來，之後再透過這些歷史數據，由結果反推，論證對未知的預判。

如果依據上述的方法，用 utm_content 來記錄「雜項」，理論上可以收集任何數量的參數。但在真實的商業情境中，一位有經驗的行銷人，經過深思熟慮以後，對於每一個點擊連結，可能會想要知道三個相關變數，也可能想要知道八個相關變數，但絕不會想知道二十、三十個相關變數。關於「擺脫數量的限制」，我們要強調的是，在考慮影響行銷成效的因素時，只需要考慮「重要性」與「相關性」，心頭不需要有數量限制的陰影。可也絕不是鼓勵「多多益善」，在數據分析戰線上，收集過多不必要的資訊，會進入另一個麻煩的誤區。而用最精簡的數據，找出關鍵商業問題的答案，才是「數據技術」與「領域知識」的綜合修練。

以下我們舉幾個在行銷實務上可能會影響成效，但不在傳統「自訂廣告活動」建議清單中的項目。透過「雜項」的設計，可以輕易把這些非典型資料收集起來，以供後續分析之用：

- 素材細分
- 素材負責人
- 素材調性
- 廣告版本
- 操盤團隊
- 投放參數
- 階段任務
- 走期設計

大家或許看出來了，utm 參數有一個共同的特徵，就是不適用於收集動態的系統變數，而對於靜態的管理變數，則毫無限制。

這裡所說的「不適用於收集動態的系統變數」，是因為連結網址是放置在外部平台，是否能收集動態變數，取決於外部平台的管理程式，是否提供動態變數。如果平台開發了提供動態變數的機制，則 utm 參數一樣可以收集，典型的例子，就是臉書「廣告管理員」中的「建立網址參數」功能 (參見圖三)。

因為廣告平台想要自證績效，而精準標定來源是判定績效的基礎。GA 的「自訂廣告活動」，是執行「精準標定來源」這一任務最重要的工具之一，所以即使是 FB，擁有自己的 FB Pixel，但還是得向 GA 傾斜，在廣告管理員內，內建了為 GA 的 utm 參數，提供動態變數的機制。

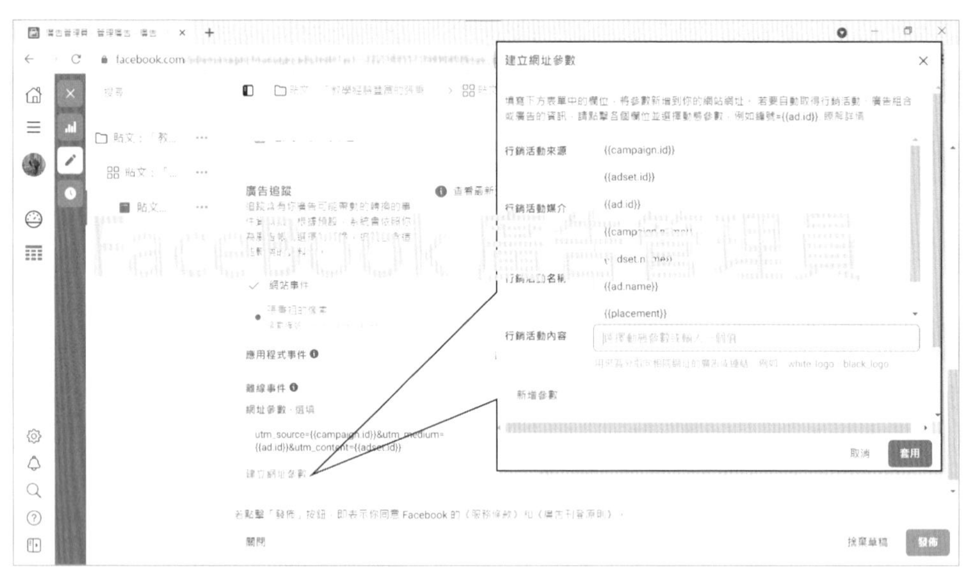

圖三、FB 廣告管理員內建為 utm 提供動態變數的機制

13-5 「廣告內容」包含多項變的數據處理方法

如前所述，如果我們用 utm_content 收集到的「雜項」，是將多個變數以底線連結起來的單一字串，後續處理有很多方法可用，我們就介紹匯出數據後，用 Excel 來處理的方法，這應該算是最簡單，應用彈性也最大的方法之一。

通用版 GA 中的標準報表與自訂報表，都可以選擇匯出「Excel(XLSX)」格式的檔案。所以我們只要在標準報表中，拉選次要維度「廣告內容」；或是在「自訂報表」中編製包含了「廣告內容」維度的報表，設定完成後，選擇「匯出 > Excel(XLSX)」就可以了。

匯出 XLSX 檔案後，以 Excel 開啟，從活頁簿中找到正確的資料集，對於「廣告內容」欄，選擇工作區「資料」下的「資料工具 > 資料剖析」功能，以分隔符號「底線」執行分割，就可以將原本連在一起的多個變數，拆分為獨立的變數欄位。接下來，只要使用「樞紐分析」，就可以任意選擇 GA 預設的維度、預設的指標、「廣告內容」拆分出來的子維度等，進行交叉分析。

改用任何其它數據工具，或是程式語言，也都可以完成同樣的任務。所以事後數據處理不是問題。而事前的規劃，包含找出有意義的管理變數，設計流程與格式，預想收集後要回答的商業問題是什麼，這些才是決策者應該負責處理的關鍵問題。

13-6 utm 參數作業管理

13-6-1 開始動手才是王道

FB 都要配合建立網址參數，由此也可以看出「自訂廣告活動」的重要性，但在一個企業內，要想建立起周延的命名規約，是需要長時間，經過不斷測試、調整的結果，並非一蹴可幾。

我們一再提醒，這件工作本質上是策略層級的工作，高度需要有深厚領域經驗的資深人員參與。但在真實世界裡，GA 被認為是操作工具，初期要求資深人員加入，其意願與認知都可能不足，所以實屬理想，很難實現。但這時候，最好的策略不是等待合適的人員回心轉意，而是開始動手，在可控制的小範圍內，自訂 utm 參數，開始收集數據。有一天，當大家都還在用「經驗」與「猜測」回答商業問題的時候，你可以秀出用歷史數據支撐的解答。如此，藉由實際結果，創造一點差異來影響更多的人，擴大參與的範圍，才能逐步推進，最後，彙集大家的腦力，共同建立起比較周延的「命名規約」。

13-6-2 作業紀律的困境

前面在介紹命名規約的時候，特別點出需要一個共同的命名原則，才能保證大家所設定的參數是統一的，這樣收集回來的數據，才比較有價值。

但是，在有了命名規約以後，團隊要開始執行 utm 參數設定時，往往又發現另外一個問題，就是操作紀律實在太難維持了。首先，我們排除每次建立點擊連結時，手動逐項將自訂網址中的 utm 參數加上去的作法，單憑想像，就知道這樣做絕不現實，我們需要工具的幫助。

目前看到官方或其他第三方提供的工具，大都是一個簡單的組合介面，只要把網址和五個參數正確輸入，工具就會自動套用參數名稱，產出完整的網址 (參見圖四)。

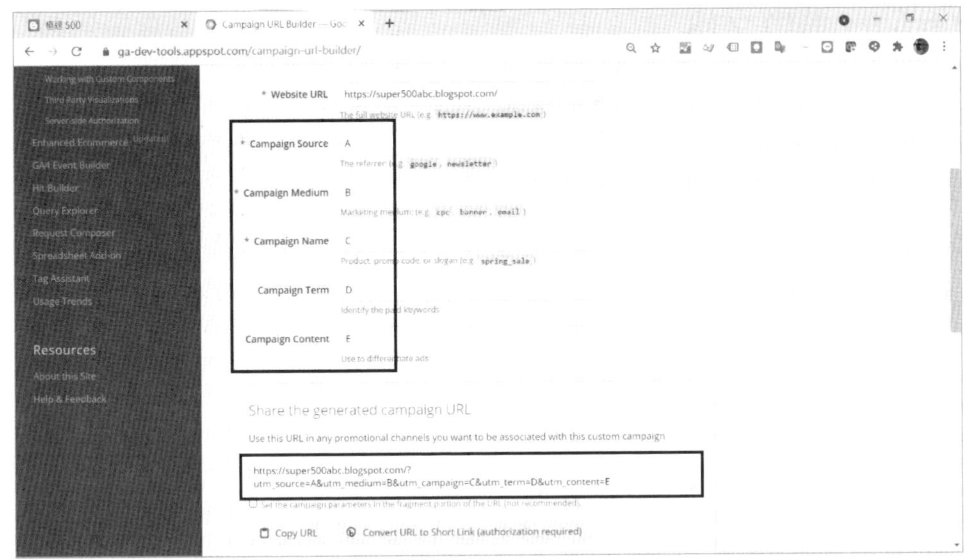

圖四、GA Demos and Tools 的官方 URL 產生器

使用這種工具，團隊成員每次都要從「命名規約」中，逐項選定參數，再複製、貼上到工具輸入框中，以獲得完整的網址。過程中，步驟較多，產生作業誤差的機率極大，再加上命名規約版本更新時的溝通，在在都會降低使用者的意願。而只要有少數因怠惰或疏忽產生的缺口，數據不完整，分析效度就會大幅下降。沒有分析效果，大家的工作動力就會流失，最後就慢慢停擺。所以這樣的工具，實際上是不堪使用的。

13-7 簡單好用的神速版 URL 產生器

為了讓大家在瞭解了「應用 utm 參數，自訂廣告活動」的完整原理與策略之後，真的能夠長久堅持，有效執行，我們幫大家設計了一個簡單的工具，協助大家可以輕鬆管理，克服最後一哩的操作紀律障礙。

這是一個免費使用的 Google 試算表，只要有 Google ID 就可以使用。

13-7-1 開啟文件

首先，以手機掃描以下 QR Code，開啟「網址產生器 _ 神速 2.5 (Beta)」試算表。因為操作還是以桌機比較方便，所以開啟後，確定連線成功，就可以關閉手機瀏覽器，再回到桌機，開啟 「Google 試算表」，以相同的 Google ID 登錄後，就可以在自己的帳戶下，看到「網址產生器 _ 神速 2.5 (Beta)」出現在文件清單上。

網址產生器 _ 神速 2.5 (Beta)

13-7-2 建立副本

進入 Google 試算表後，開啟「網址產生器 _ 神速 2.5 (Beta)」，會在左上角看到「僅供檢視」字樣，表示這是一個唯讀檔案，不能直接使用。所以第一步要「建立副本」，先到上方工具列，選擇「檔案 > 建立副本」，開啟「複製文件」工作區，在「名稱」輸入框輸入自訂的文件名稱，按「確定」之後，自用的網址產生器副本，就建立完成了。完成之後，就可以在自己建立的副本新檔案中，開始作業。

因為這個工具可以多人共用，所以在自訂名稱時，建議加入管理員資訊，未來協作同仁碰到問題時，知道找誰處理 (參見圖五)。

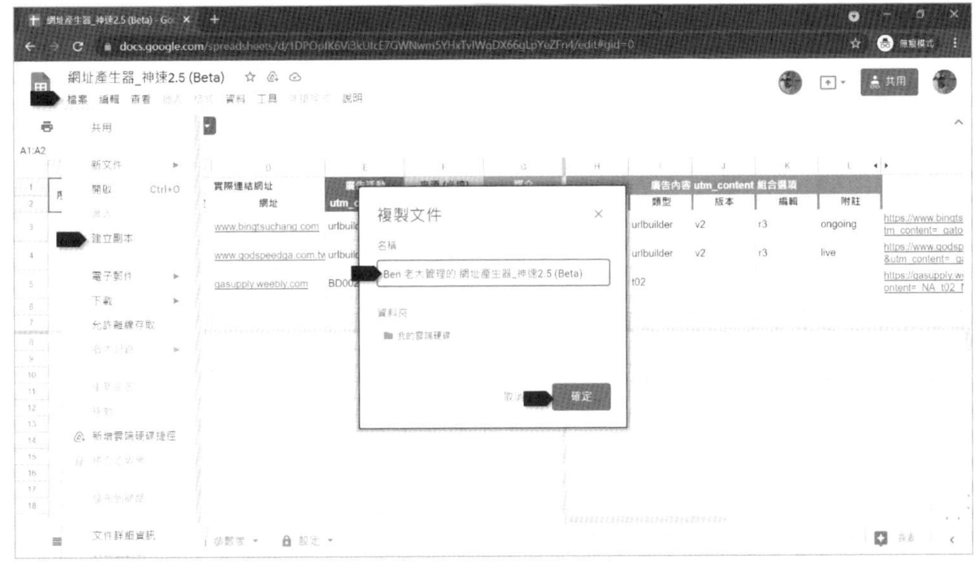

圖五、網址產生器作業之一：建立自用副本

13-7-3 任務說明

這一個工具，試圖解決設定 utm 操作上的三個問題：

- 以拉選參數取代複製、貼上
- 一鍵產生短網址
- 一人管理命名規約，多人同步協作

以下，我們就這三個功能的操作，分別說明。

13-7-4 將命名規約預設為參數表

開啟自建的副本網址產生器，下方可以看到三個工作表，分別是「編輯網址列」、「參數表」、「設定」。

首先選擇「參數表」(參見圖六)，這個區域其實就是「命名規約」的格式，可以把預先列出來的 utm_campaign、utm_source、utm_medium、utm_content 參數值，輸入參數表對應的儲存格中備用。

其中，utm_content 預設了五個子類別，這五個子類別的標題，都可以在此根據實際需要，自行修改，修改後，到「編輯網址列」，就會看到自訂的標題。

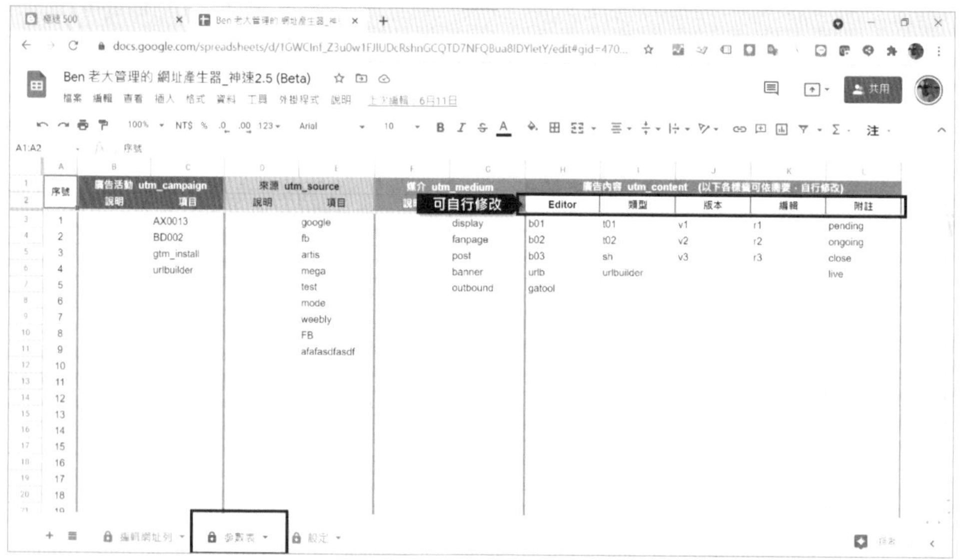

圖六、網址產生器作業之二：將命名規約載入「參數表」

回到「編輯網址列」，在「實際連結網址」欄，輸入連結網址，選定正確的前綴 (http:// 或 https://) 後，就可以在後方的各參數欄位中，直接拉選參數表中已經預設好的參數。這樣，就完成了第一個任務「以拉選參數取代複製、貼上」(參見圖七)。

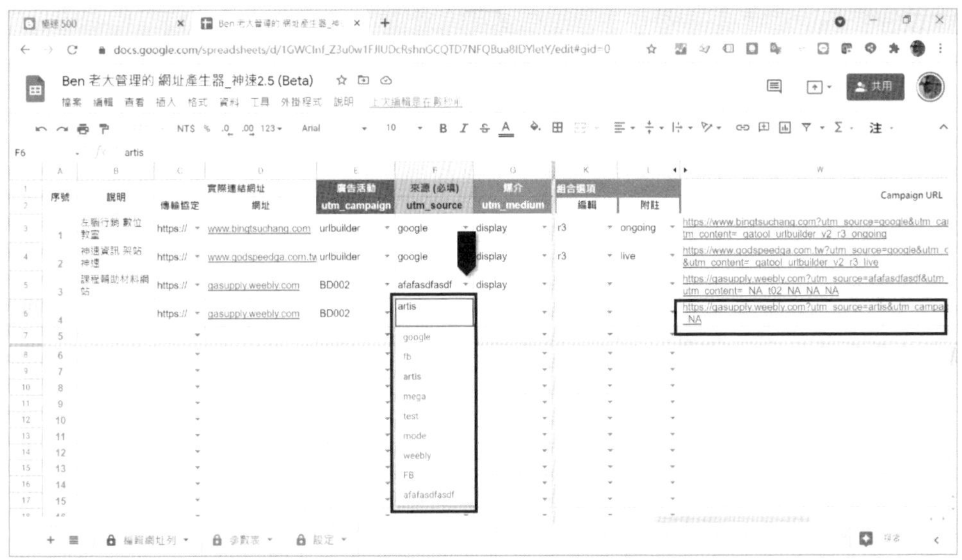

圖七、網址產生器作業之三：編輯網址列

13-7-5 連結 Bitly 產生短網址

產生短網址，需要將原始網址送到「短網址產生器」類型的工具平台。Google 原本自家有一個名為 goo.gl 的短網址產生器，但不幸已經停止服務了，前面我們介紹的 Google Demos and Tools 中，官方 URL 產生器，最後預設連結產生短網址的工具是 Bitly，我們在神速版網址產生器中，也打算使用 Bitly 免費版帳號，產生短網址。企業如果有其它的考慮，可以參考神速版網址產生器的設計邏輯，自行連結其它短網址工具。

要將 Bitly 與神速版網址產生器連結，首先要到 Bitly 建立帳戶，然後取得 Access Token，這一段的操作過程，Bitly 官方有很詳細的的說明文件，請大家自行參考。

Access Token，是一串字元，從 Bitly 產生後，就複製起來，然後回到神速版網址產生器，在下方選擇第三個工作表「設定」，在「設定」頁面點選「B2」儲存格，按 Ctrl+V，將 Access Token 貼上去，這樣就完成連結設定了 (參見圖八)。

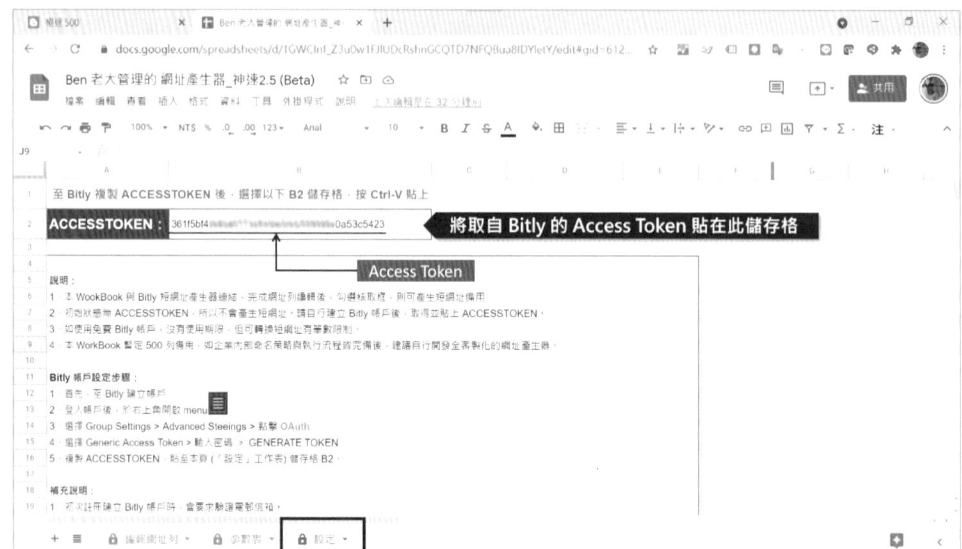

圖八、網址產生器操作之四：安裝 Bitly Access Token

正確取得並安裝 Bitly Access Token 後，回到「編輯網址列」工作表，針對已經產生了自訂網址參數的各列，只要勾取「Y」欄的核取框，就會自動出現 Bitly 產生的短網址 (參見圖九)。

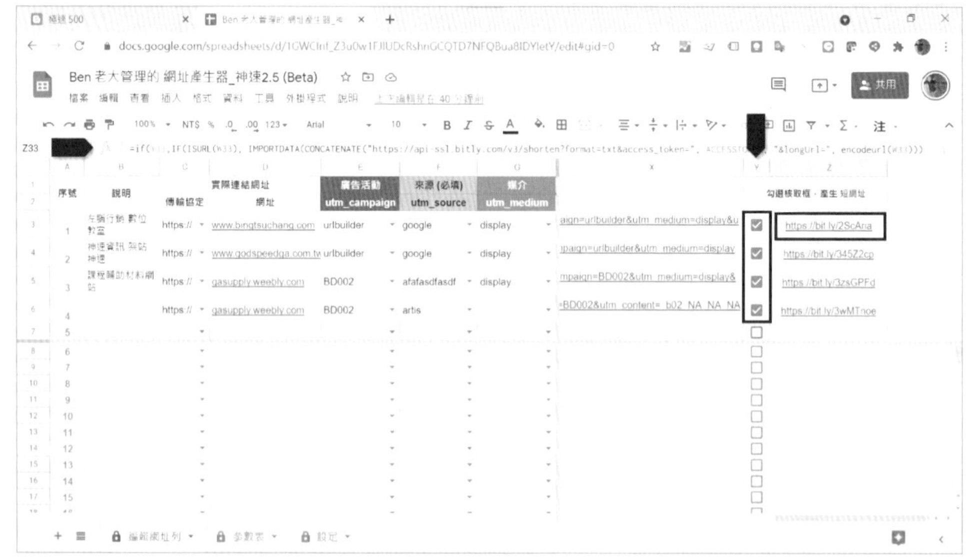

圖九、網址產生器操作之五：一鍵產生短網址

這裡使用的函數都是公開的，大家只要有興趣，可以開啟「公式」，自行研究改進。

到這裡，我們完成了第二個任務：「一鍵產生短網址」。

13-7-6 多人協作管理

「多人協作」也是在實務上，非常基本的需求。管理者單獨設定好參數表，並建立短網址產生器的連結後，就可以將這個工具，開放給團隊成員共用。我們就使用 Google 試算表內建的「共用」功能，來執行這個任務。

首先開啟自訂的「神速版網址產生器」副本檔，選擇右上角的「共用」，開啟「與使用者和群組共用」設定框 (參見圖十)。在設定框中，先點選右上角的齒輪圖標，在「與使用者共用」設定工作框中，看到兩個核取項目，如果要開放管理權給共用對象，就將核取框勾選起來。如果共用對象只是使用者，沒有管理權，就不要勾選。

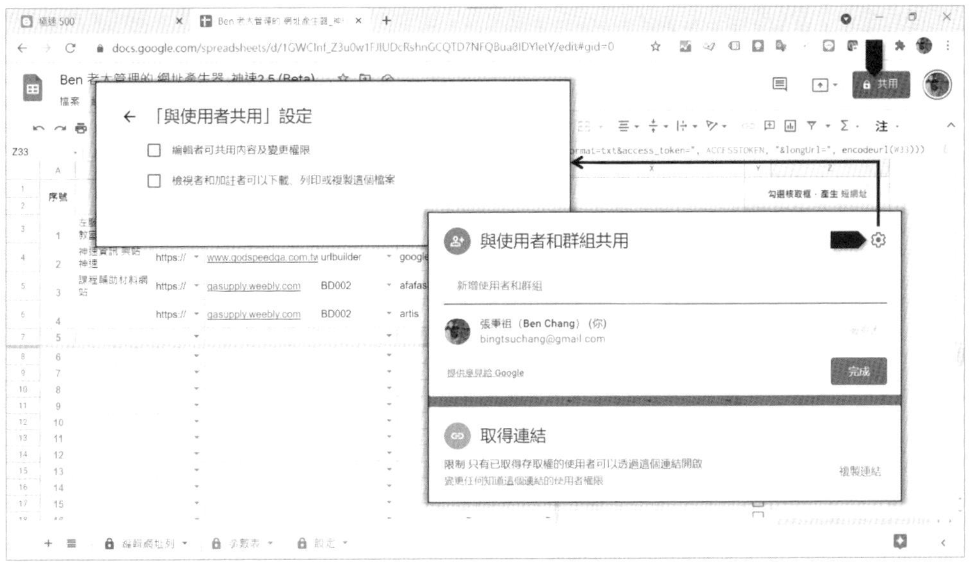

圖十、網址產生器操作之六：共用設定

完成「與使用者共用」設定後，只要在「與使用者和群組共用」設定框的「新增使用者群組」輸入框中，將共用對象的 G-Mail 帳號輸入，權限設為「編輯者」，再按「傳送」，對方就會收到一封電子郵件。收信者只要開啟郵件中的連結，就可以進入共用的網址產生器，使用「編輯網址列」工作表中的「新增網址、編輯參數、一鍵產生短網址」等功能。收信者如果沒有被授予管理權限，則不能在「參數表」與「設定」工作表中，做任何修改與設定。

如此，就可以由一位管理者負責維護命名規約，而所有使用者，都可以在雲端，即時、同步使用最新版本的內容。最後一項任務「一人管理命名規約，多人同步協作」也就完成了。

13-7-7　上線前準備

原始的網址產生器中，預設了三個測試連結，大家利用這些測試內容，熟悉了上述主要任務的操作細節以後，只要選取「編輯網址列」中的測試內容，按「退回 Backspace」鍵，就可以將其全部清除。再到「參數表」，同樣選取所有預設的測試參數，按退回鍵，也將其全部清除。然後，就可以開始建立完全屬於自己的網址產生器了。

選取清除範圍時，請特別注意「欄標題」、「列標題」，以及「編輯網址列」從「W」欄開始的網址儲存區，都「不要」選取到，因為其中都是函數，清除掉就不能正常工作了。

13-8 本章重點總結

從 GA 到 GA 4，新的「事件」結構，反映了「回歸數據原理」的設計概念，帶來的是更大的策略彈性，但相應的代價，則是操作複雜度也同步提高。但無論如何，面對日益嚴酷的市場挑戰，提升策略彈性的優勢，足以抵銷升高操作複雜度的代價，最終得到正向的利益餘額。

其實，在行之有年的通用版 GA 中，大家耳熟能詳的老功能「自訂廣告活動」，背後也可以套用相同的數據原理，充分利用自訂 utm 參數，讓策略彈性大幅提高。但過去大家習慣了淺層應用，很少有人去深究其中的數據原理。

如今，因為 GA 4 問世，為了要有效使用這個新工具，我們被迫要對新的事件結構，有比較清楚的認識。既然把數據原理搞清楚了，我們就一魚兩吃，趁機把「自訂廣告活動」的彈性應用策略也講清楚。如此一來，讓「細分流量來源」提高了一個層次，進化為「細分流量特徵」，舉凡行銷規劃、行銷管理、行銷執行，都會因為這樣的改變，而有機會做得更細緻，更徹底。

GA 4 在第一時間沒有納入 utm_content，也沒有預設對應的「廣告內容」維度，導致收集數據有關鍵缺口。所幸我們也看到 GA 4 已經著手修補這個缺口了，所以我們有理由樂觀的相信，短期之內，GA 4 相關功能都將到位，以後就可以和通用版 GA 一樣，執行「自訂廣告活動」的完整功能了。

Chapter

14

GA 4 標準報表導覽

企業應用商業數據分析的經驗，逐漸成熟之後，思維應該會從工具導向，轉變為商業導向。最後定型的合理流程，是從定義商業問題開始，其次是盤點數據，最後才是選擇合適的解決方案，包含「工具」與「方法」。

在這樣的思維下，對於像「GA 4 事件」這一類底層數據結構的理解，重要性遠遠超過對標準報表的熟悉程度。實務上，當我們清楚定義了商業問題，並充分掌握數據以後，跳過標準報表，隨手選擇最方便的工具，執行深入分析的機會，也會隨著使用經驗的累積，而逐漸增加。

雖然如此，標準報表畢竟是工具的門面，每次打開介面就要面對，如果太陌生，對於使用工具的信心與興趣都會受到影響，所以我們在最後，還是帶大家瀏覽一次 GA 4 的標準報表，建立起與這個工具的基本熟悉度。

GA 4 的報表數量較通用版 GA 大幅減少，但最新版本的結構，擴大到了四層，複雜度不減反增，為了讓大家快速掌握全貌，我們把 GA 4 首頁選項表列展開：

主選單	第二層選單	第三層選單	第四層選單
報表	報表數據匯報	--	--
	即時	--	--
	生命週期	客戶開發	客戶開發總覽
			使用者開發
			流量開發
		參與	參與狀況總覽
			事件
			轉換
			網頁與畫面

主選單	第二層選單	第三層選單	第四層選單
		營利	營利總覽
			電子商務購買
			應用程式內購
			發布廣告商
		回訪率	--
	使用者	客層	客層總覽
			客層詳情
		科技	科技總覽
			科技詳情
探索	建立報表 (+)	■ 任意形式 ■ 同類群組探索 ■ 程序探索 ■ 區隔重疊 ■ 路徑探索 ■ 使用者多層檢視 ■ 使用者生命週期	--
	範本庫		--
	探索清單		--
廣告	廣告數據匯報	--	--
	歸因	模式比較	--
		轉換路徑	--
設定	事件	修改活動	--
		建立活動	--
	轉換	--	--
	目標對象	--	--
	自訂定義	自訂維度	--
		自訂指標	--
	DebugView	--	--

表一、GA 4 報表選單

以上這張表所列的結構，是 GA 4 最新改版後的介面，其中，主選單的「探索」與「設定」兩項，包含自訂高級分析報表與建構底層數據模型，就是我們認為在商業數據分析中，比較基礎也比較重要的部分，在前面的章節已經詳細介紹過，在本章中就不再重複了。

主選單中「報表」與「廣告」，是本章主要導覽的兩個部分。

其中，「報表」的部分，我們前面已經把「客戶開發」報表當作基礎，詳細說明了 GA 4 主要報表結構與維度、指標內容。同時，也介紹了「營利」報表，並且深入說明了電子商務的關鍵分析模型範例。本章導覽，也不再重複。

主選單的「廣告」部分，包含「歸因模式」與「轉換路徑」，與通用版 GA 中的「多管道程序 (MCF，Multi-Channel Funnels)」報表概略相同。主要邏輯是記錄個別訪客與本網接觸的完整路徑，透過分析，找出每一個管道在不同行銷階段的貢獻與價值。

14-1 報表

14-1-1 報表數據匯報 Reports snapshot

這個名稱看起來有點陌生，但檢視原文，可以猜出大概就是一份摘要報表，與以前的「Home」類似，就是綜合性「儀表板」的概念。

其中每一個卡片，就是一份報表的摘要，點擊下方連結，可以進入對應的標準報表中查看細節。

14-1-2 即時

即時報表大概是我們之前使用最多的一份報表，顧名思義，就是讓我們檢視當下網路上訪客的狀態。

「即時報表」也是目前商業行為中非常倚重的一張報表，凡是需要關注網站瞬間流量的服務型態，都要緊盯著它過日子。

對於熟悉通用版 GA 的朋友來說，要知道兩者對於「活躍使用者」的定義不同。通用版 GA 的即時報表，定義「活躍使用者」是「五分鐘內有互動的訪客」，而 GA 4 則放棄了「活躍使用者」的說法，直接標明「過去三十分鐘的使用者」。如果同時使用這兩種工具，在「即時報表」看到的使用者數字，會有比較大的差異，這是正常的，只要把時間差考慮進去，仍然可以相互參照。

14-1-3 生命週期 – 參與報表

訪客參與的形式就是與網站互動，GA 4 雖然已經把所有的互動都定義為「事件」，但「網頁瀏覽」畢竟還是有其特殊性，所以在這份報表中，還是拆分為「網頁與畫面」與「事件」兩大區塊來呈現。

但其實「事件」是總表，「轉換」與「網頁瀏覽」都是事件的子集，從「事件報表」中找出單一事件「pave_view」的數量，與「網頁和畫面」報表的總瀏覽數相同；以及「事件報表」中單一事件「purchase」，在「轉換」報表中也有相同的記錄，就可以印證這樣的結構。

在業營運過程中，真正要執行的商業對策，通常都是針對單一的網頁或是事件，所以這一類總和報表所提供的，都只是原料，使用的時候還要再經過篩選與加工。

雖然 GA 4 的參與報表看起來與通用版 GA 的「行為」報表很類似，但其中有一個缺項，就是「到達網頁」。雖然，從 GA 4 的「網頁和畫面」報表中「事件計數」欄，選擇單一事件「session_start」，可以得到該網頁的「入站」次數，但是並沒有一個獨立的工作階段層級維度「到達網頁」，可以讓我們輕易的追蹤從這一個頁面入站流量的「來龍」與「去脈」。尤其對於 SEO 作業，想要透過到達網頁，與 Search Console 數據連結，就變得困難重重。在此，我們也只好樂觀的期待有一天 GA 4 會將這一塊補上。

「參與」報表的主體，看起來平淡無奇，但是在摘要「參與狀況總覽」中，卻夾帶了一個彩蛋「使用者黏著度」(參見圖一)。其實，對於大部分不求客戶天天回訪的服務，是不需要太關注這個項目的，但是對於像是遊戲、視頻這一類的服務，客戶重複使用是成敗關鍵，這一個分析項目就極為重要。

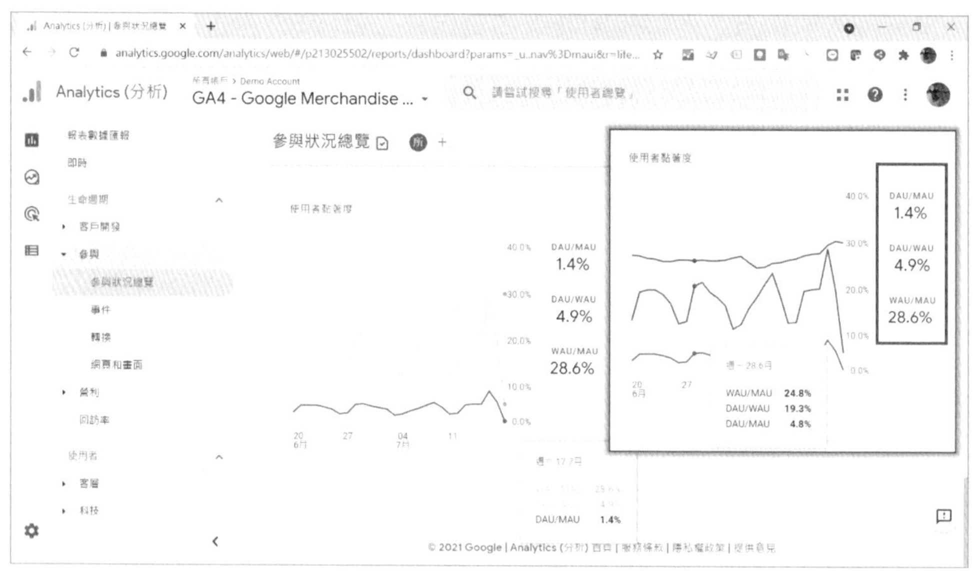

圖一、使用者黏著度

首先說明一下黏著度分析的原理，這裡用到了三個基本指標 DAU、WAU、MAU，分別代表「日活躍使用者」、「週活躍使用者」與「月活躍使用者」，這個不難理解。

而黏著度用短週期活躍使用者除以長週期活躍使用者，是什麼意思呢？我們就以 DAU/MAU 取一個極端狀態來說明，如果排除新客戶，在這一個月之內，所有的客戶，當天都來報到了，那麼「日活躍使用者」就等於「月活躍使用者」，當天的 DAU/MAU 就等於 100%，當然，這是不可能出現的極端狀況。

反之，如果每位客戶，本月中都只出現一次，那麼將「日活躍使用者」加總起來，就等於「月活躍使用者」，也就是說，將每天的 DAU/MAU 加總，一個月下來，正好是 100%。當然，這也是幾乎不可能發生的極端狀況。

但透過極端狀況，每日的 DAU/MAU，從「大家全部都回訪」的 100%，到平均只有 3.3% 的人回訪，就可以理解為什麼這個指標，代表了訪客對服務的黏著度。

黏著度這個指標的好與壞沒有絕對的標準，但一般 APP 會以 DAU/MAU = 0.1 當作一個警示界線，如果日黏著度低於此線，就代表用戶可能失去熱情了。

實際使用這個指標時，還要考慮新客戶與流失客戶的變化，所以是多變數條件下的分析，遠比以上我們簡化過的極端狀況，要複雜得多。

14-1-4　生命週期 – 回訪率報表

回訪率報表執行了一些衍伸計算，定義都不難理解，但還是重複前面的說明，這些以「人」為核心的計算，都需要在精確歸戶的基礎上才有意義。而各企業透過 GA 收集的真實數據，精確歸戶到什麼程度，都需要長期觀察後才能定論。確定了歸戶精確度之後，再檢視這些報表才有意義。

14-1-5　使用者 – 客層報表與科技報表

這兩份報表，略同通用版 GA 的「目標對象」報表。

報表的指標，與前面介紹的「客戶開發」報表完全一樣，只是改用使用者的客層特徵，或是技術環境特徵來做區分，執行分析。

14-1-6 廣告 – 模式比較報表與路徑轉換報表

當訪客透過不同的管道和我們有過一系列的接觸，最後終於完成了交易，那麼這個功勞應該歸於哪一個通路呢？這個就是「路徑轉換」分析的基本架構。

「歸因模式」就是不同的功勞歸屬方式，常用的有以下幾種：

- 「最終點擊」：功勞全部歸於直接帶來交易的管道
- 「最初點擊」：功勞全部歸於帶來初次造訪的管道
- 「線性」：功勞平均分配給所有管道
- 「優先計入 Google Ads」：只要過程中有 Google Ads，就由其獨攬所有功勞

在應用這個工具的時候，商業問題並不是「要決定採取哪一種歸因模式？」而是「透過不同歸因模式，檢示各管道，在行銷的哪一階段，貢獻比較大？」

因此，在「模式比較」報表中，提供了一個可以執行對比的工具，讓我們可以同時選擇兩種歸因模式，然後比較個別通路在不同模式下的功勞。

同樣的功能，通用版 GA 在「多管道程序」中，提供了三個模式的對比，最基本的使用方式，我們會同時開啟「最初點擊」、「線性」、「最終點擊」三種模式，檢視個別管道在三種模式中的功勞，藉以判斷這個管道在行銷的前、中、後期的貢獻。

GA 4 的「模式比較」報表只提供兩種模式的比較，對比通用版 GA，當然略顯不足，如果已經在使用 GA 4，那就只好分成兩次來比較了，只要任務可以完成，多費一點手腳，尚無大礙。

如果我們把「分配到一定比例的功勞」當作陽性，那麼以上這種分析模式的盲點，在於「偽陰性不高，但偽陽性可能很高」。用白話來說，如果一個管道在「最終點擊」模式下沒有分配到功勞，那麼可以確定它在行銷終端沒有貢獻；但是，一個管道在「最初點擊」模式下有分配到功勞，並不表示它真的就有帶來後續的接觸，對最終交易有貢獻。

如果還要繼續往下挖掘，我們可能要採用「馬可夫鏈 (Markov Chain)」這樣的數據運算法才能一探究竟。但這部分遠超過 GA 基礎的範圍，我們就不再展開。大家如果有興趣，可以找到 R 的專用套件，來執行馬可夫鏈分析。

「路徑轉換」報表的輪廓，和通用版 GA 的多管道程序報表基本雷同，目前看到的雛形，似乎以視覺化補強了「模式比較」報表中的兩模式對比限制，但管道分組只有「預設管道」一種選擇，無法自訂管道分組，主要功能難以發揮，顯然還沒有完工，官方說明也證實本報表尚未建置完成 (Jul. 2021)，所以我們就暫不揣測，靜待開張。

以上，我們就在一個尚未完成的報表中結束本書。但從過去長期接觸 GA 的經驗來看，「尚未完成」絕不是遺憾與不足，相反的，反而是充滿了無限可能的超越與期待。本書的期望，就是以超越工具的商業視角，幫助大家熟悉這一個充滿期待的跨代新工具。透過一步一步的實作，掌握了完整的技術邏輯以後，能夠徹底消除面對新生事務的焦慮與恐懼，而在未來與 GA 4 相伴的日子裡，如魚得水，左右逢源，與工具共同成長，為自己與企業，在數位轉型的進程中，奠定一塊堅實的踏腳石。

MEMO